土壤环境与污染修复丛书

伴矿景天的栽培和修复原理与应用

Cultivation, Phytoextraction and Application of *Sedum plumbizincicola*—a Cadmium and Zinc Hyperaccumulator

吴龙华 等 著

U0228581

科学出版社

北京

内 容 简 介

本书首先介绍伴矿景天的生物学特性、育苗技术和镉锌积累规律；随后详细地介绍伴矿景天的田间栽培和管理技术，包括土地耕作、开沟做垄（畦）、覆膜移栽、水肥管理、病虫草防治、间套作技术，以及含镉植物的安全处置等；结合云南、江苏、广东等地的实际修复案例，进一步强调伴矿景天田间栽培管理过程中的注意要点和实用技巧，以及不同土壤、气候条件下的技术特点；最后将课题组近期在伴矿景天修复镉污染土壤方面的研究进展进行概要介绍。本书侧重于中轻度重金属（尤其是镉）污染农田土壤的植物联合修复，对污染土壤绿色修复技术的发展和农产品安全生产具有重要实践指导意义。

本书可作为土壤学、环境科学、农学、植物生理学、土壤修复等领域科研工作者、技术人员和生产一线人员的参考书，也可作为高等院校、研究院所相关专业研究生课程的参考教材。

图书在版编目（CIP）数据

伴矿景天的栽培和修复原理与应用/吴龙华等著. —北京：科学出版社，2021.6

（土壤环境与污染修复丛书）

ISBN 978-7-03-069233-7

Ⅰ. ①伴… Ⅱ. ①吴… Ⅲ. ①景天科–观赏园艺 Ⅳ. ①S682.33

中国版本图书馆 CIP 数据核字（2021）第 115963 号

责任编辑：周 丹 沈 旭/责任校对：杨聪敏
责任印制：师艳茹/封面设计：许 端

科 学 出 版 社 出版

北京东黄城根北街 16 号
邮政编码：100717
http://www.sciencep.com

北京九天鸿程印刷有限责任公司印刷
科学出版社发行 各地新华书店经销

*

2021 年 6 月第 一 版 开本：720×1000 1/16
2021 年 6 月第一次印刷 印张：7 3/4
字数：157 000
定价：99.00 元
（如有印装质量问题，我社负责调换）

土壤环境与污染修复丛书

编 委 会

《伴矿景天的栽培和修复原理与应用》

作者名单

主要著者:

吴龙华　　周　通　　胡鹏杰

赵　婕　　蒋玉根　　刘代欢

著者名单(按姓氏笔画排序):

王丽丽　王朝阳　王鹏程　任　婧　刘　玲

刘代欢　刘芸君　刘鸿雁　李　柱　李　娜

李思亮　杨冰凡　杨钰莹　吴广美　吴龙华

汪　洁　沈丽波　陈思宇　周　通　周嘉文

赵　冰　赵　波　赵　婕　胡鹏杰　钟道旭

骆永明　徐礼生　唐明灯　曹艳艳　崔立强

蒋玉根　程　晨

土壤环境与污染修复丛书序

　　土壤是农业的基本生产资料，是人类和地表生物赖以生存的物质基础，是不可再生的资源。土壤环境是地球表层系统中生态环境的重要组成部分，是保障生物多样性和生态安全、农产品安全和人居环境安全的根本。土壤污染是土壤环境恶化与质量退化的主要表现形式。当今我国农用地和建设用地土壤污染态势严峻。2018 年 5 月 18 日，习近平总书记在全国生态环境保护大会上发表重要讲话指出，要强化土壤污染管控和修复，有效防范风险，让老百姓吃得放心、住得安心。联合国粮农组织于同年 5 月在罗马召开全球土壤污染研讨会，旨在通过防止和减少土壤中的污染物来维持土壤健康和食物安全，进而实现可持续发展目标。可见，土壤污染是中国乃至全世界的重要土壤环境问题。

　　中国科学院南京土壤研究所早在 1976 年就成立土壤环境保护研究室，进入新世纪后相继成立土壤与环境生物修复研究中心 (2002 年) 和中国科学院土壤环境与污染修复重点实验室 (2008 年)；开展土壤环境和土壤修复理论、方法和技术的应用基础研究，认识土壤污染与环境质量演变规律，创新土壤污染防治与安全利用技术，发展土壤环境学和环境土壤学，创立土壤修复学和修复土壤学，努力建成土壤污染过程与绿色修复国家最高水平的研究、咨询和人才培养基地，支撑国家土壤环境管理和土壤环境质量改善，引领国际土壤环境科学技术与土壤修复产业化发展方向，成为全球卓越研究中心；设立四个主题研究方向：①土壤污染过程与生物健康，②土壤污染监测与环境基准，③土壤圈污染物循环与环境质量演变，④土壤和地下水污染绿色可持续修复。近期，将创新区域土壤污染成因理论与管控修复技术体系，提高污染耕地和场地土壤安全利用率；中长期，将创建基于"基准-标准"和"减量-净土"的土壤污染管控与修复理论、方法与技术体系，支撑实现全国土壤污染风险管控和土壤环境质量改善的目标。

　　"土壤环境与污染修复"丛书由中国科学院土壤环境与污染修复重点实验室、中国科学院南京土壤研究所土壤与环境生物修复研究中心等部门组织撰写，主要由从事土壤环境和土壤修复两大学科体系研究的团队及成员完成，其内容是他(她) 们多年研究进展和成果的系统总结与集体结晶，以专著、编著或教材形式持续出版，旨在促进土壤环境科学和土壤修复科学的原始创新、关键核心技术方法发展和实际应用，为国家及区域打好土壤污染防治攻坚战、扎实推进净土保卫战提供系统性的新思想、新理论、新方法、新技术、新产品、新标准和新模式，为国家生态文明建设、乡村振兴、美丽健康和绿色可持续发展提供集成性的土壤环境保护与修复科技咨询和监管策略，也为全球土壤环境保护和土壤污染防治提供中国特色的知识智慧和经验模式。

中国科学院南京土壤研究所研究员
中国科学院土壤环境与污染修复重点实验室主任

2021 年 6 月 5 日
于南京

序

　　土壤污染，特别是耕地土壤重金属污染，是我国的主要土壤环境问题。部分地区的耕地重金属污染已危及农产品质量安全、生物生态安全乃至人体健康。随着人民对美丽中国和健康中国的追求，国家进入生态系统保护修复与高质量发展新阶段；人们对耕地重金属污染及农产品超标现象，由早期的讳莫如深，逐渐坦然面对，到如今的积极采取措施进行防控与治理，以实现受重金属污染耕地的安全利用。防止土壤镉、铅等重金属污染，修复受污染耕地土壤，确保农产品安全和生态系统健康，是我国实现生态文明建设和可持续发展的重大需求，是不断满足人民群众对美好生活的现实需要，也是"生态环境根本好转，美丽中国目标基本实现"这一国家目标的总体要求。

　　对受污染的农用地土壤，可以采取物理、化学、生物等技术方法进行治理修复，也可以农艺调控、种植结构调整、植物生理阻隔、替代种植等措施进行风险管控，以实现安全利用或经济效益。多年的实践证明，仅靠稳定土壤中重金属、降低其有效性和农作物吸收性，难以实现长效而可持续的安全利用目标。这一方面与土壤类型、条件和利用方式有关，另一方面与重金属赋存形态、化学行为和生态效应有关，同时也与所用稳定剂及其施用技术有关。因此，很有必要对广大人民群众普及土壤污染过程与修复技术知识，让技术使用者更好地了解、掌握和应用这些技术的要点，以更加快速、经济、有效地解决土壤污染问题，实现土壤环境质量改善、农作物和蔬菜产品的安全生产。

　　利用特定植物及相关配套强化技术，从土壤中快速吸取重金属或将其无效化，达到削减土壤重金属总量或降低其活性态浓度 (简称 "减存降活")，从而减少农作物对重金属的吸收，是一种绿色、经济、高效的土壤环境生物修复技术。十多年来，《伴矿景天的栽培和修复原理与应用》作者研究组致力于寻找我国本土的超积累植物，筛选并鉴定了一种镉锌超积累植物——伴矿景天；该植物生长快速、适应性广，对土壤中镉的吸收去除能力强；以该植物为资源发展的植物修复技术已在全国九省示范应用。但在应用中注意到，种植人员常常因不熟悉伴矿景天的生长习性、适种条件和栽培管理技巧，导致修复效率不高，阻碍了这一绿色修复技术的推广。因而，非常有必要编写超积累植物伴矿景天栽培与田间管理的著作，对伴矿景天的育苗、种植、田间管理、收获与安全处置等进行系统介绍。

如果说 2015 年出版的《镉锌污染土壤的超积累植物修复研究》着重介绍的是伴矿景天的超积累过程、机制及修复潜力，那么即将出版的《伴矿景天的栽培和修复原理与应用》则主要介绍伴矿景天的生长习性、栽培和管理实用技术，是作者研究组科研人员、研究生及其他单位合作者十多年来有关应用技术研发与实践工作的系统总结。其内容包括伴矿景天的生物学特性、镉锌积累特性、育苗技术、伴矿景天的田间栽培和管理技术；同时，结合研究组在全国多地的田间修复案例，强化了对伴矿景天种植的实用技巧、要点，以及在不同土壤、气候条件下栽培管理技术差异的介绍，力求浅显易懂、易用，以使这一镉超积累植物修复技术更广泛、更有效地应用于我国受镉污染农用地土壤的修复。相信该书的出版，将有助于我国土壤重金属污染的植物修复技术研发与应用，有益于我国农用地土壤环境质量改善和农作物安全生产。

2021 年 6 月 5 日

于南京

前　言

　　土壤污染是我国土壤环境的主要问题,农田土壤以重金属污染最为突出。2014年的《全国土壤污染状况调查公报》显示,我国耕地土壤污染物点位超标率为19.4%,主要污染物为镉、汞、砷、铜、铅、铬、锌等。近期的土壤污染详查数据尚未公布,但总体的污染趋势不会有大的变化,即镉是我国污染面积最大的重金属污染物。土壤中镉、锌等重金属的污染可造成生态环境质量恶化,导致粮食减产和农产品重金属超标,最典型的是近年来报道的"镉大米"事件。防止土壤镉、锌等重金属污染,修复受重金属污染的农田土壤,确保粮食安全和生态系统健康,始终是我国实现可持续发展的重大现实需求,也是美丽中国基本实现和生态环境质量根本好转目标的总体要求。

　　农田土壤重金属污染具有隐蔽性、潜伏性、不可逆性和难修复性等特点,关键在于防治,避免污染。对于已经污染的农田土壤,前期的修复实践主要采用物理化学、农艺调控、种植结构调整和生理阻隔、替代种植等措施进行污染修复和风险管控,实现其安全利用或较高的经济效益。湖南地区实施的"VIP+n"技术,通过种植低镉作物品种 (V)、调控水分 (I)、施用石灰提高土壤 pH(P),结合施用稳定剂和液面喷施材料等 (n) 综合措施,降低农作物可食用部分对镉等重金属的吸收性。多年的实践发现,上述综合措施虽然能起作用,但是效果不稳定、不理想,难以实现重金属"超标"农田的"安全利用"。因此,土壤中重金属的"去除"修复技术,或"去除"与"稳定"等结合技术,才是能切实解决我国农田重金属污染和农产品重金属超标问题的有效方法。

　　植物修复,是指利用绿色功能植物从土壤中快速吸取重金属或将其无害化而达到降低存量、减小活性 (简称"降存减活") 的方法,是一种备受青睐的环境友好、经济、高效的土壤环境生物修复技术。利用植物修复技术治理土壤重金属污染具有如下四大优点:①成本低;②不破坏土壤生态环境,可保持良好的土壤质量,并实现"边生产、边修复";③对植物集中无排放处理,不会造成二次环境污染;④植物修复是一个自然过程,易为公众接受。

　　十多年来,作者课题组致力于寻找我国本土的超积累植物,2005 年发现一种景天科植物具有镉锌超积累能力，且该植物生长快速、适应性广，2013 年正式命名为"伴矿景天"，是景天科植物的一个新种。课题组及国内外合作研究小组，在国家 973 计划项目、国家自然科学基金项目、国家 863 计划项目、中科院知识创新工程重要方向项目、国际合作项目、国家重点研发计划项目等的资助下，围绕镉锌污染土壤修复理论与技术创新需求，系统开展了伴矿景天的重金属耐性、吸收性和超积累机制研究，以及伴矿景天连续修复技术的研发和示范应用、修复植物的安全处置技术等方面的工作。在植物修复技术的推广应用中，发现大家常因不熟悉伴矿景天的生长习性、适种条件和栽培与管理技巧，造成应用效果不佳、修复效率不高的情况。为此，课题组拟撰写一本专门介绍伴矿景天栽培与田间管理的手册，希望大家在应用这一镉锌超积累植物修复我国受污染农田土壤时，能快速掌握相关技术、注意关键要点，实现高产、高效修复应用，为我国的农产品安全生产尽一份力。

本书主要介绍伴矿景天的生长习性、栽培和管理实用技术，是作者课题组科研人员、博士后、研究生及合作者十多年来有关应用技术研发与研究工作的系统集成。内容包括伴矿景天的生物学特性、镉锌积累特性、育苗技术；伴矿景天的田间栽培和管理技术，包括土地耕作、开沟做垄 (畦)、覆膜移栽、水肥管理、病虫草防治、间套作技术及收获后的安全处置等；结合江苏、云南和广东等地的实际修复案例，进一步强调了伴矿景天种植的实用技巧、注意要点，以及不同土壤、气候条件下的栽培管理技术差异；同时，本书也将课题组近期在伴矿景天修复镉污染土壤方面的研究进展再次做了总结，并针对性地进行了调整，希望能让基层人员也能读懂和了解相关进展，并能更好地服务于污染农田的修复应用，以期为我国土壤重金属 (镉、锌) 污染的植物修复技术研究、发展和农产品安全生产提供借鉴。

本书内容框架由吴龙华研究员拟定和完成，全书由吴龙华统稿。参加撰写工作的主要科研人员、博士后、研究生及合作者有：吴龙华 (前言、第 1 章、第 3~7 章)，周通 (第 2 章、第 3~7 章)，胡鹏杰、赵婕、蒋玉根、刘代欢 (第 2 章)。其中，第 3~7 章是课题组以往工作的总结性介绍，具体工作主要由作者的研究生们完成 (他们的名字都列在作者名单中，在此不一一说明)，周通整理，吴龙华修改。本书撰写过程中，与永清环保股份有限公司的刘代欢博士进行了多次的交流，吸收了他的诸多良好建议，全书也得到了他的修改和校对；浙江省杭州市富阳区农业和林业局的学长蒋玉根正高级农艺师也对全书进行了认真修改，并提出了许多

宝贵意见；出版过程中，全书主要由博士生武晓桐负责校对。在此，向大家一并
致以深深的谢意！

　　由于作者水平有限，书中不足之处在所难免，敬请各位同仁批评、指正！

作　者

2021 年 4 月于南京

目　　录

第 1 章　伴矿景天的重金属积累性与修复应用模式

1.1　伴矿景天生物学特征与重金属积累性简介

1.1.1　伴矿景天生物学特征描述

伴矿景天 (图 1.1)，景天科，景天属，多年生草本植物，喜生于富含铅 (Pb)、锌 (Zn) 矿地区。假根状茎，须状根。花茎直立，常 1~3 枝，高 22~45.5 cm。叶互生卵状长圆形或匙形，长 1~5 cm，宽 0.5~1.5 cm，先端圆钝，基部楔形。花序为多回聚伞花序，有花多数，密集；苞片匙形或线状披针形，长 5~10 mm，宽 3~8 mm；花为 4 基数；花梗无；萼片狭三角形，长 1~2 mm，宽 0.2~1.1 mm，先端圆钝；花瓣黄色，披针形，长 4~6 mm，宽 1~1.5 mm；雄蕊 8，两轮，略短于花瓣，内轮基部与花瓣连生；鳞片 4，倒梯形，长 0.3~1.0 mm，宽 0.25~0.8 mm；心皮 4，略叉开，长 5.4~11.1 mm，宽 0.4~0.9 mm，合生 1.5~3 mm，花柱长约 1.3~1.8 mm。蓇葖叉开四芒状，蓇葖果有种子多数；种子长椭圆形，深棕褐色，长 0.71~ 0.91 mm，有乳头状凸起。花期为 6~7 月，果期为 7~9 月。伴矿景天分布于我国长江中下游和华南等地区。

生长期　　　　　　　　　　　　　　　盛花期

图 1.1　原居地环境中的伴矿景天

1.1.2　伴矿景天重金属积累性

自然生长于矿区污染土壤中的伴矿景天，其地上部镉 (Cd) 浓度可达几百上千毫克每千克，地上部锌 (Zn) 浓度可达到几万毫克每千克；在实验室水培条件下, 伴矿景天可耐受溶液中 20~40 mg/L 的 Cd, 地上部 Cd 浓度可达到几千毫克每千克; 在 Cd 污染农田土壤上, 伴矿景天对 Cd 的富集系数 (即地上部 Cd 浓度与土壤 Cd 浓度的比值) 通常为 100 或更高。鉴于拥有对 Cd 的超积累能力, 伴矿景天被广泛应用于 Cd 污染土壤的修复 (图 1.2)。

图 1.2　湖南某镉污染农田上伴矿景天的长势

1.2　伴矿景天 "边生产、边修复" 应用模式

1.2.1　伴矿景天与水稻轮作修复模式

在我国南方大部分地区, 伴矿景天可与水稻进行轮作。6 月初至 7 月初伴矿景天收获后种植水稻, 到 10 月水稻收获后再继续种植伴矿景天。在污染农田土壤上, 与伴矿景天轮作的水稻应尽量选择对重金属吸收低的品种, 同时在水稻种植前施用少量磷肥以降低土壤重金属有效性, 有利于减少水稻的 Cd 吸收量。

1.2.2　伴矿景天与旱地作物间套作修复模式

伴矿景天可与玉米、高粱等农作物间套作, 也可与茄子、辣椒、黄瓜、丝瓜等蔬菜作物间套作 (图 1.3、图 1.4)。与伴矿景天间套作的大田粮食作物和蔬菜作物, 可视气候条件, 在春季种植, 夏秋季收获。间套作时, 作物种植密度可与常规方法相同或略稀疏, 施肥量应比常规用量增加 10%~20%。在污染土壤上, 与伴矿景天进行间套作的农作物应选择对重金属吸收低的品种。

平畦间作   高垄间作

图 1.3   伴矿景天与玉米间套作

黄瓜   茄子

图 1.4   伴矿景天与蔬菜间套作

1.2.3   伴矿景天一年两季连续修复模式

江南地区, 每年 10∼11 月种植伴矿景天, 次年 6 月底 ∼7 月初收获; 此后可重新移栽一批, 也可在收获时留茬 3∼5 cm。因夏季高温, 应适当给予遮阴处理, 如搭建 1∼1.5 m 高的遮阳网, 防止伴矿景天因太阳直射而晒死晒伤, 10∼20 天后即可自行长出新的枝条; 9 月气温适宜后伴矿景天迅速生长; 10∼11 月即可收获第二茬, 或作为种苗扩大种植。

1.2.4   "伴矿景天 + 光伏发电" 农光互补模式

"伴矿景天 + 光伏发电" 农光互补模式 (图 1.5), 就是在污染耕地上建设光伏发电设施, 并在其下预留空间开展污染土壤的植物吸取修复。这是一种全新的土地利用模式。光伏组件会对光伏板下空间的光照强度产生一定的影响, 但不会对超积累植物伴矿景天的生长及其对 Cd、Zn 的吸收产生不利影响, 反而有助于伴矿景天越夏, 实现连续种植。这主要是由于伴矿景天是耐阴植物, 适度遮阴更有利于其生长和对重金属的吸收。

图 1.5   "伴矿景天 + 光伏发电" 农光互补模式田间景观

"伴矿景天 + 光伏发电" 模式不仅生产出清洁的电能,增加了污染耕地的经济效益,还通过在光伏板下种植超积累植物进行污染土壤的高效修复,利用光伏发电的部分收益补贴污染修复投入,实现了良性循环,成为解决污染土壤问题的一种颇具前景的修复模式。

1.3   伴矿景天育苗技术

伴矿景天可采取种子育苗、扦插或组培等方式进行繁育。种子育苗为有性繁殖方式,育苗的周期相对较长,但种子苗的长势更好;扦插育苗速度快、成本低,但苗势相对弱、抗逆能力差,在极端环境下容易早衰。

1.3.1   种子育苗

选择规格大小适宜的穴盘,将蛭石、珍珠岩、泥炭土或腐殖土等按合适配比拌匀,作为育苗基质 (图 1.6)。将混合基质装入穴盘,并进行压盘,然后播种。由于伴矿景天的种子较小,故将其与细土按 1:6 左右的比例混合,之后取少量细土种子混合物撒于每穴,以保证每穴可出苗 1~3 株,期间进行适宜的水分管理。经过 2~3 个月的培养,待伴矿景天幼苗长出 4~6 片叶后,移入生长环境适宜的苗床。移栽时,利用合适的工具从穴盘下方的透水小孔下面向上顶起,使每穴幼苗连同基质一起拔出,然后直接埋于苗床土壤中,确保幼苗根系的完整。

图 1.6   伴矿景天种子育苗

1.3.2   扦插育苗

伴矿景天适合利用枝条进行扦插育苗。带少量叶的茎段和全量叶茎段的成活率分别达到 95.1% 和 96.1%，生根率分别达到 93.1% 和 94.4%，无叶茎段的成活率也可达到 81%，生根率达到 79.1%。温室大棚伴矿景天的育苗可以将枝条直接扦插到土壤中，也可利用穴盘或花盆进行扦插 (图 1.7)。育苗基质可利用土壤、蛭石、珍珠岩、泥炭土、腐殖土等，按合适比例混合。大田修复过程中，也可以留出一部分伴矿景天作为苗床，苗床与大田的比例以 1:15 ~ 1:30 为宜。

穴盘扦插育苗

大棚扦插育苗

图 1.7   伴矿景天扦插育苗

1.3.3　组培育苗

组培繁育，根据培养采用的伴矿景天组织不同，可分为茎尖组织培养、叶片愈伤组织诱导培养和茎段愈伤组织诱导培养。主要是将伴矿景天带腋芽的茎段或茎尖、茎段切去叶片和侧芽、叶片切去侧缘后，在培养基及一定的光照条件下进行培养。待发育出一定长度的幼根后，将幼苗移栽至全营养素的有机基质 (pH 为 7.0 左右) 中培养一段时间即可得到种苗 (图 1.8)。

图 1.8　伴矿景天的组培育苗

采用种子苗进行组培育苗，可克服扦插苗的早衰问题，且如果在上半年转暖时种植，可避免因冬季 "春化" 而在夏季开花和大部分死亡的现象，延迟到第二年开花，即可以延长生长期，提高吸取修复效率；但组培技术的成本相对较高。

第 2 章　伴矿景天的大田栽培与管理技术

2.1　栽培时间

根据全国农业种植制度区划和伴矿景天的栽培特点,一年二至三熟制的华南、华中和华东地区,一般在中、晚稻收获后的 10~11 月开展伴矿景天移栽,次年早、中稻种植前的 5~6 月收获伴矿景天,也就是利用农田冬闲期进行植物修复。一年一熟制的东北、西北高纬度地区和西南高海拔地区,一般在 4~5 月开展伴矿景天的移栽,8~9 月收获。两年三熟制的华北地区,由于夏季温度高、冬季温度低,一般可在夏玉米收获后的 9~10 月开展伴矿景天移栽,次年 5~6 月收获,但需要注意伴矿景天冬季越冬时的冻害问题。

2.2　基础设施建设

1. 灌排系统

伴矿景天是一种旱作植物,种植前需要对修复区域的农田灌排系统进行综合评估,以满足农田旱时灌溉和雨季排涝的基本需求。山地丘陵地区农田落差大,应具备修渠引水和排水的良好条件。南方平原区的地下水位经常维持在较高水平,加上雨季汛期的洪水侵袭,洪、涝、渍灾害应是重点考虑的问题。田间排水常用的是水平排水系统,包括在田面开挖一定深度和适当间距的明沟排水,以及在田面以下埋设管道或修建暗沟的暗管排水。农田灌排系统的修建需要根据修复区域的实际情况开展。

2. 道路系统

如果修复区域面积广且田间道路不完善,种植前需要在田间预留出机耕路或便道,便于农机具的使用与农资产品的转运。

2.3　土地耕作与平整

土地耕作前,需要对农田中上一季农作物残留的秸秆、根茬、杂草等进行粉碎、翻耕、还田或移除,地膜、农药包装等也要从农田移除。耕作前,还需根据农田土壤水分状况选择宜耕期。宜耕期土壤含水量约为田间最大持水量的 40%～60%，过湿或过干均不利于旱作农田的耕作。宜耕期表层 5～10 cm 处的土壤具有松散并无可塑性、手握能成团但不出水、不成大土块且落地即散的性状。如果无法精准掌握土壤水分情况，应本着"宁干勿湿"的原则进行耕作。土地耕作包括人、畜、机械等方式，采用农机具的机械耕作是当前的主要方式 (图 2.1)。耕层深度一般为 15～25 cm，但各地区并不一致，山坡地的耕层通常较浅。此外，我国南方稻田水稻收获后的土壤通常较潮湿黏重，耕作后的土块较大，分散性差，会导致土壤墒情下降。

旱地旋耕   水田旋耕
图 2.1　旱地和水田旋耕现场工作图

土地耕作时间和种植制度有关，南方双季稻或长江流域稻-麦轮作区，可在每年 10～11 月水稻收获后进行秋翻；而一年一熟制的北方或西南高原区，可在每年 3～4 月春种前进行耕作。土地耕作的任务是精细整地，地块平整且不能出现高包、洼坑、脊沟。一般可通过耙地、耢地、镇压等措施整平地面。如果农田弃耕时间久且土壤板结严重，需翻耕后再进行旋耕。旋耕后的土壤具有松散、无大土块、表土层上虚下实的性状，土壤团块大小在 1～5 mm 最佳，为伴矿景天的种苗移栽创造了适宜的土壤环境。

2.4　施用基肥

伴矿景天施肥通常以低氮、低磷、高钾为宜。根据待修复区域农田土壤养分状况和复合肥中有效养分含量，每亩[①]可施用 15 ～ 45 kg 的复合肥做基肥 (N:P_2O_5:K_2O = 15:15:15 或其他)。基肥通常采用撒施和条施两种方式，撒施指把肥料在耕作前均匀撒于农田表面，然后结合耕作措施把肥料翻入土中并混匀；条施指将

---

① 1 亩 ≈666.67m²。

肥料成条状施于地表,并结合犁地作垄把肥料用土覆盖。

2.5 畦作和垄作栽培

目前,伴矿景天通常采用做畦或做垄的栽培方式。垄作栽培是在耕作层筑起垄台和垄沟,将伴矿景天种植在垄台上;畦作是用土埂或畦沟把田块分成整齐的畦,将伴矿景天种植在畦面上 (图 2.2)。畦作栽培的畦面较宽 (1.5~2.5 m),可以种植多行伴矿景天 (图 2.2A、图 2.2B)。垄作栽培的垄台宽度较窄 (0.8~1.0 m),垄沟宽 0.3~0.4 m,垄深 0.2~0.3 m,每个垄台面种植 2~3 行伴矿景天 (图 2.2C)。冬春低温季节或日积温较低的高纬度和高海拔地区,垄栽较畦栽可提高地温,防止水分蒸发,有利于植物的生长发育。一般在灌排系统较为完善的农田,伴矿景天的栽培可采用平畦,畦埂宽度 0.2~0.3 m,高约 0.1 m;如果在地下水位浅、雨

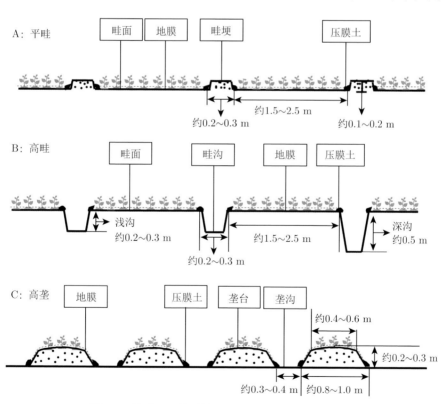

图 2.2 伴矿景天的畦作 (A 和 B) 和垄作 (C) 示意图

红色虚线代表地膜

水多且集中、低洼的农田，伴矿景天的栽培可采用高畦或垄作的方式，主要是为了排水，以增强土壤通透性。高畦栽培方式中，畦沟宽度约 0.2~0.3 m，畦沟深 0.2~0.3 m。一般视地势和排水情况，每 2~5 个高畦可开一条 0.5 m 以上的深沟，丘陵地区地下水来水一侧的田埂边也可开 0.5 m 以上的深沟。坡耕地采用垄作栽培方式可减少水土流失，但需要注意畦沟或垄沟方向与等高线的夹角，如果沿等高线方向将有利于排水但也会增加水土流失的风险。

图 2.3 是伴矿景天高畦栽培和高垄栽培的现场工作图片。

高畦栽培   高垄栽培

图 2.3　伴矿景天的高畦和高垄栽培现场工作图

2.6　地 膜 覆 盖

地膜覆盖可防治杂草，减少除草剂使用量和人工除草工作量。北方或高海拔地区的温差较大，地膜覆盖可提高土壤温度。在降水较少的旱季，地膜覆盖还可起到土壤保水保湿作用。种植伴矿景天时一般选用市场上常见的黑色地膜或银黑双色地膜，地膜幅宽需要根据畦作或垄作的宽度进行选择。常见的地膜幅宽为 0.8~1.5 m，一般也可以根据实际种植的畦宽或垄宽与厂家定制特定幅宽的地膜，但成本会增加。地膜覆盖前，首先要完成以下几项工作 (图 2.4)。

1. 浇足底水

畦面或垄台的土壤一定要浇透水，浇水量根据土壤含水量进行调整，保证土壤含有充足的水分。如果先浇水后盖膜，一般浇水后不能马上盖膜，否则会造成膜内土壤湿度过大，形成"包浆土"，必须等土壤充分吸收水分后才能盖膜；如果先盖膜，后期可通过人工或机械的方式向地膜的移栽穴中浇水。

2. 平整覆盖面

畦面或垄台面的土壤需充分碎散，清理裸露地表的作物残茬，通过耙地、镇压等措施平整并轻度压紧畦面或垄台，增加毛细管孔隙，起到保墒提墒作用。

喷施杀虫剂

高垄地膜覆盖

高畦地膜覆盖

高垄栽培-浇底水

图 2.4 杀虫剂喷施、地膜覆盖和浇底水现场工作图

3. 喷施杀虫剂

上述工作完成后，需要向畦面和垄台的土壤喷施杀虫剂，杀死土壤中的虫卵或活体。根据每个地区的实际情况，选择适合当地的杀虫剂品种，施用量根据产品说明确定。

喷施杀虫剂后，需立即覆盖地膜，减少药剂挥发，提高药效。强日照地区可选用银黑双色地膜，黑色面朝下，银色面朝上，白天可有效降低地温，同时其强反光作用可以有效趋避有翅蚜虫等害虫；黑色面在夜晚可有效保温，同时抑制杂草生长。地膜必须拉紧铺平、无皱折，并与畦面或垄台面贴紧，膜的四周用土压紧、压实 (图 2.4)。目前还没有针对伴矿景天的专用除草剂，如果田间杂草较多，建议提前半个月以上对农田喷施市面上常见的封闭性除草剂。待除草剂失效后，再进行土地耕作、起垄、覆膜等操作。**切记不要喷施除草剂后立即覆膜移栽伴矿景天，因为伴矿景天也是一种草本植物，除草剂会伤害伴矿景天。**

2.7　移 栽 种 植

2.7.1　选苗分苗

　　种子育苗和组培育苗获得的伴矿景天种苗一般为单株，只需选择健壮的种苗移栽即可，通常不需要分苗。而田间扦插育苗获得的伴矿景天枝条有若干侧枝和分枝，可用手将枝条直径 3 mm 以上、长度 8 cm 以上的侧枝和分枝掰下来作为一株苗 (图 2.5)。如果健壮种苗量不足，可将 2~3 个枝条直径小于 3 mm 的侧枝或分枝合并为一株使用。扦插苗应选择伴矿景天的营养枝条，而非繁殖枝条 (图 2.5)。因为繁殖枝条开花结籽后就会死亡，不会生长成新的植株。繁殖枝条上的叶片通常狭小，枝条顶端分权并伴花蕾，生长高度也高于营养枝条；而营养枝条叶面宽大，顶端无分权。

图 2.5　伴矿景天选苗分苗示意图

2.7.2　移栽

　　可用小锄头或其他工具在地膜上挖出一个孔穴，然后每穴移栽一株健壮的伴矿景天种苗，地膜上的孔穴直径在 5 cm 左右。伴矿景天的枝条扦插深度以 6 cm 左右为宜，然后稍稍拢紧孔穴四周土壤，让枝条可充分与土壤接触 (但要避免过度挤压土壤)，最后从畦沟或垄沟中挖取破碎的土壤，用细土覆盖严实孔穴的四周并压实，防止跑墒，以促进种苗生根和生长 (图 2.6)。注意扦插的枝条最好与地膜保持 2~3 cm 的距离，避免伴矿景天与地膜接触产生高温灼伤。移栽过程中的各种农时操作应尽量不损坏地膜，发现地膜破损或四周不严时，应及时覆土压紧，保证地膜的覆盖效果。

高畦移栽 高垄移栽

图 2.6 伴矿景天大田移栽现场工作图

2.7.3 种植密度

适度增大种植密度可显著提高其地上部的生物量，但过分密植对其地上部增产无显著贡献。一般的田间种植密度以行距、株距 15~20 cm 为宜，在不考虑畦沟和垄沟使用面积的条件下，种苗用量约为 1.7 万 ~3.0 万株/亩。如图 2.7 所示，假设按畦面宽为 2 m、畦沟或畦埂宽为 0.25 m 的畦作栽培技术，土地利用率最高为 0.89；按垄台宽 0.9 m、垄沟宽 0.35 m 的垄作栽培计算，土地利用率最高为 0.72。因此，伴矿景天按行距、株距 15~20 cm 种植，计算出的畦作栽培种苗用量为 1.5 万 ~2.7 万株/亩，垄作栽培种苗用量为 1.2 万 ~2.2 万株/亩。如果污染农田允许的植物修复周期较短，将会压缩伴矿景天的生长周期，可适当提高种植密度以提高生物量。

高畦栽培-育苗期 高畦栽培-旺盛期

图 2.7　高畦和高垄栽培的伴矿景天田间生长情况

2.8　田 间 管 理

伴矿景天生长期间，主要开展田间的水肥管理、除草杀虫等工作。

2.8.1　水肥管理

伴矿景天为旱作植物，土壤含水量总体以保持湿润偏干为宜，即约 60%～70% 的最大田间持水量。伴矿景天移栽后，应定期观察地膜下的土壤含水量变化情况。田间生长条件下，伴矿景天扦插苗一般约 1 周后生根，2～3 周后开始生出新芽并进入营养生长阶段，因此本阶段的水肥需求量较小，一般不用浇水补肥。若旱情严重，需及时浇"定根水"等以保证伴矿景天的成活率和正常生长。相反，若降水量大且集中，田间出现渍水、积水等不利于植物生长的状况，需重视田间排水工作 (图 2.8)。长期淹水条件下，土壤通气条件变差，伴矿景天易因根系腐烂而死亡。

伴矿景天进入快速生长期时，植株新叶和侧枝的大量生长会导致土壤养分亏缺，此时应及时追肥，以充分满足植物后期生长发育的养分需求。根据土壤肥力和植物生长状况，建议每亩追施 5～20 kg 的尿素。伴矿景天于 10～11 月移栽，可在次年的春季返青期 (3 月) 和生长旺盛期 (4～5 月) 分批次追肥。伴矿景天于 4～5 月移栽，可在移栽 40～60 天后进行追肥。对于伴矿景天，目前主要采用穴施追肥技术，即离伴矿景天根部约 5 cm 处抠 (挖) 开地膜，然后把肥料放入膜下的穴内 (图 2.8)。追肥应选择土壤湿润的雨季，以便尿素快速溶解到土壤中提高肥料利用率，避免土壤含水量较低的旱季追肥。此外，一些速溶性叶面肥也可用于伴矿景天。

图 2.8 高垄栽培的田间旱涝特点及追肥

2.8.2 病虫草防治

伴矿景天生长期间, 在土壤水分含量适宜的条件下, 垄沟、畦沟及地膜覆土处会生长大量杂草, 应及时开展田间除草工作。在伴矿景天枝叶未完全覆盖到垄沟或畦沟的生长阶段, 可针对垄沟或畦沟中的杂草喷施除草剂, 切记不要把除草剂喷施到伴矿景天的叶面。针对在种植伴矿景天的垄台或畦面上生长的杂草, 主要通过人工拔除的方式清除 (图 2.9)。生长中后期, 待伴矿景天枝叶完全覆盖住垄台和畦面时, 田间杂草的生长也将受到抑制。除草次数主要依田间杂草的长势而定, 一个生长期通常要进行 2~5 次。

伴矿景天整个生育期对病虫害的抗性较强, 一般不需要特殊管理, 但出现下列情况时应注意观察并及时采取措施 (图 2.9)。

(1) 移栽后不久, 蝼蛄等害虫可能会咬断幼苗根、茎部, 使幼苗枯死, 受害植株的根部呈乱麻状。应注意观察, 及时补苗。病虫害严重时, 应及时打杀虫剂。

(2) 夏季高温高湿, 伴矿景天根部和茎下部可能会腐烂发黑, 严重时可导致整株植物枯死。出现上述情况应及时排干田间积水, 以降低土壤湿度, 必要时可拔除一些枝条, 以降低郁闭度, 增加通风。

另外, 也可适当喷施吡唑醚菌酯和枯草芽孢杆菌等杀菌剂, 以控制病情。按配方比例称取原料, 吡唑醚菌酯杀菌剂用量为 30~40 g/亩, 枯草芽孢杆菌杀菌剂用量为 20~30 g/亩, 两者组成混合杀菌剂, 稀释后对伴矿景天植株进行喷施。其中，吡唑醚菌酯杀菌剂中的有效成分含量为 25%，枯草芽孢杆菌杀菌剂的有效成分含量为 1000 亿芽孢/g。每季对伴矿景天植株使用混合杀菌剂进行喷施的次数不多于两次且中间安全间隔期为 15 天。

图 2.9 田间杂草及病虫害防治

2.9 收获与处置

2.9.1 收获晾晒

田间种植的伴矿景天通常在每年 5~6 月或 9~10 月生物量达到最大后进行收获。可用镰刀贴着地面收割地上部，也可从土中拔除整株苗，但拔除时需要抖掉根部附着的泥土。收获后的伴矿景天植株可通过机械或人工搬运的方式，全部从农田移除，运输过程中应避免重压、踩踏枝条。

从农田运输出的伴矿景天可通过以下两种方式进行晾晒干燥。

1. 直接晾晒

伴矿景天直接晾晒时建议选择水泥硬化地面，晾晒厚度不宜太大，需经常翻动。遇到雨天要及时收集堆放，可用薄膜覆盖，但要注意通风。如遇连续阴雨天，应视情况经常翻动通风，避免腐烂。

2. 脱水后晾晒

伴矿景天鲜样可先通过专用设备脱除一部分水分后再晾晒。设备包括切草机、榨汁机等。伴矿景天枝条经过切草机切成长度小于 3 cm 的小段，再进入榨汁机脱除水分，脱水率在 50%～80%。脱水后的伴矿景天残渣收集后再晾晒。

脱出的汁液通过物理沉淀、碱性沉淀、络合絮凝沉淀等过程去除重金属和有机物，底泥脱水晾干后可以与晒干的伴矿景天一起做后续处理，达到《污水综合排放标准》(GB 8978—1996) 要求后的水进入污水处理厂进行进一步处理。脱出的汁液也可直接回灌到专门的土地处理系统，有机质自然降解，镉等重金属可通过种植的伴矿景天被再次吸收。

2.9.2 伴矿景天植物干样处置

干燥后的伴矿景天应通过专门的安全焚烧设备进行处置。焚烧设备通常由焚烧系统、烟气净化系统、电气系统、仪表与自动化控制系统、给水排水系统等组成。其中，焚烧系统一般包括进料装置、焚烧装置、驱动装置、出渣装置、燃烧空气装置、辅助燃烧装置及其他辅助装置等。伴矿景天在焚烧炉内应得到充分燃烧，燃烧后的炉渣热灼减率应控制在 5% 以内。烟气净化工艺流程的选择，应充分考虑锌镉修复植物的特性和焚烧污染物产生量的变化及其物理、化学性质的影响，并应注意组合工艺间的相互匹配，烟气排放指标应符合相关技术要求。焚烧后的飞灰和底渣，根据污染物含量的不同，应作为危险废物或一般固体废物进行处理。

2.10 伴矿景天的越夏和过冬

在长江以南地区，秋冬季种植的伴矿景天生长至次年 5～6 月的开花季将被收获，但通常会预留部分的伴矿景天苗床用作下一季种苗。伴矿景天开花结籽后，繁殖枝条会枯死脱落，但剩余的营养枝会重新长出新根并形成新的植株 (图 2.10)。为了让这部分伴矿景天植株能正常生长并安全越过南方高温高湿的盛夏季节，通常需要保持苗床土壤的湿润但不渍水，并可在苗床上方搭建 1～1.5 m 高的遮阳网，以降低光照强度和地表温度。也可以在盛夏来临之前，提前在伴矿景天的苗床中以间套作方式种植玉米、高粱等高秆作物，利用间作植物达到类似的遮阴效果 (图 2.11)。

我国长江以北地区及西南高海拔地区，冬季气温较低并存在霜冻问题，将对越冬种植的伴矿景天产生冻害。低温初期，叶片顶部轻微变红；长期低温，则植株整体变红，甚至冻死 (图 2.12)。一般在连续出现一周以上 −10°C 的霜冻天气之后，开春后的伴矿景天成活率将大大下降。虽然过冬的伴矿景天苗地上部枝条会被冻死，但如果根部未被冻伤，开春后可从根部发出新芽。一般可采用简易拱棚覆膜的方式增加土温,或者通过覆盖作物秸秆的方式隔离直接冻害。条件允许的情况下,还可搭建专用的伴矿景天越冬大棚,配置增温设备辅助增温。

图 2.10 开花后的伴矿景天繁殖枝和营养枝

图 2.11 搭设遮阳网和间作种植田间景观

图 2.12 伴矿景天在低温条件下的外观和再生长特征

2.11 样品采集和吸取修复效率计算

伴矿景天移栽前，需对农田进行修复前的布点，然后定点采集相应的土壤样品，布点时通常采用网格布点法。生产实践中，为了更加准确地反映超积累植物对土壤中镉锌的吸取修复效率，土壤重金属污染程度变异大的农田建议以不超过 25 m × 25 m 的间距进行网格布点，而土壤重金属污染程度均匀、变异小的农田建议以 50 m × 50 m 的网格布点。土壤采样深度为 0~15 cm 的耕层，每个采样点位采集 3~5 个样品并混合成一个分析样。

伴矿景天收获时，按照种植前布置的点位信息再次定位采样，土壤采样方法同种植前，但需要注意的是土钻应在距植株根部 5 cm 至株距中间的位置采样，切勿紧贴根际采样，否则会导致实际的土壤修复效率过高。根据修复前 ($C_{前}$)、修复后 ($C_{后}$) 对应点位土壤中的 Cd 和 Zn 浓度差值，计算出修复植物对土壤中 Cd 和 Zn 的吸取修复效率。畦作和垄作的栽培方式中，畦沟和垄沟位置的土壤并未修复，因此实际的土壤修复效率还应根据畦沟和垄沟宽度进行系数校正 [式 (2-1)

和式 (2-2)]。

　　根据实际的栽培方式,把单位面积 (S, 1~2 m²) 内的伴矿景天地上部全部收获并称取鲜重 (W_T, kg),然后从中取出少量鲜样 (W_F, kg) 带回实验室烘干称重 (W_D, kg),根据含水率计算当季伴矿景天的产量 [(式 (2-3)]。计算产量时,需要用畦沟或垄沟宽度进行面积校正。同时,测定烘干植物样品中 Cd 和 Zn 的浓度 (C,mg/kg),以计算伴矿景天的 Cd 和 Zn 吸取量 [式 (2-4)]。

$$校正系数 = \frac{畦面 (或垄台) \ 宽}{畦面 (或垄台) \ 宽 + 畦沟 (或垄沟) \ 宽} \tag{2-1}$$

$$土壤修复效率(\%) = \frac{C_{前} - C_{后}}{C_{前}} \times 校正系数 \times 100 \tag{2-2}$$

$$产量(t/hm^2) = \frac{W_T \times W_D}{W_F \times S} \times 校正系数 \times 10 \tag{2-3}$$

$$重金属吸取量\ (g/hm^2) = 产量(t/hm^2) \times C(mg/kg) \tag{2-4}$$

2.12　间套作技术

　　为实现中轻度污染农田"边生产、边修复"的目标,可采用伴矿景天和重金属低积累农作物品种间套作的生产技术。重金属低积累农作物包括玉米、高粱、瓜果等高秆、藤本类的旱作植物。采用农作物间套作技术,不仅可获得一定的粮食产量,还可利用高秆植物对伴矿景天遮阴,但需注意间作农作物的种植方向要与光照方向形成一定的夹角。畦作栽培方式中,一行或两行以上的伴矿景天可以和一行作物间作 (图 2.13A 和 B)。垄作栽植方式中,可以在两行伴矿景天的垄沟中间作种植作物,但需要注意淹水和补肥事宜;也可采用一垄种植伴矿景天、相邻垄种植间作植物的技术,该模式可有效避免间作植物淹水问题,但却会降低植物吸取修复效率 (图 2.13C)。

A: 平畦

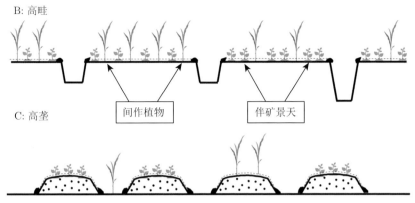

图 2.13 不同栽培方式下伴矿景天与低积累作物间套作示意图

2.13 收割留茬技术

伴矿景天是多年生草本植物，收割地上部后残茬的根部会萌发新芽。在适宜的气候和土壤环境中，结合部分农艺调控措施，留茬后重新长大的伴矿景天可二次收割，实现一茬多次收割的目标，提高修复效率。一般地，留茬的伴矿景天需及时追肥，以满足植物生长需求。

长江以南地区 10~11 月种植的伴矿景天，可于翌年的开花期前 (4~6 月) 进行第一次刈割，留茬约 5 cm 后让其继续生长。留茬长大的伴矿景天于 8~10 月进行第二次全部刈割，不再留茬，重新移栽。可参考 2.10 节的越夏技术，实现留茬伴矿景天的正常生长。

一年一熟制地区由于平均积温低，伴矿景天的生长期较短，难以实现留茬后的二次生长。但如果是在温棚等可控条件下进行种苗繁育，同样可采用伴矿景天收割留茬技术，降低育苗成本 (图 2.14)。

图 2.14 不同栽培方式下伴矿景天留茬示意图

第 3 章　典型地区伴矿景天栽培技术案例

3.1　苏南农田修复案例

3.1.1　区域概况

本案例位于江苏省长江南岸某地，为长江下游平原地区，地势低平，属北亚热带季风气候区，年均气温 16.1℃，无霜期 240～250 天，年均日照时数 2307 h，日照百分率 45%，年均降水量 1133 mm，每年 6 月份降水量及降水日最多，12 月份降水日最少。该地区土壤类型包括水稻土、潮土、黄棕壤等，土地肥沃，种植的农作物为以晚稻、小麦、豆类、玉米等为主的粮食作物，以油菜籽为主的油料作物，棉花、糖料、药材、蔬菜、瓜类和以青饲料、绿肥为主的其他农作物。

项目区耕层土壤 pH 为 6.2，有机质含量为 37.6 g/kg，全氮含量为 2.21 g/kg，全磷 (P_2O_5) 含量为 0.71 g/kg，全钾 (K_2O) 含量为 16.9 g/kg；受历史上污水灌溉及粉尘等污染的影响，土壤总 Cd 含量为 1.0 mg/kg 左右。

3.1.2　伴矿景天种植时间

根据项目区的气候和土壤条件，镉污染稻田采用伴矿景天–水稻轮作的"边生产、边修复"技术，茬口安排为：5 月上旬进行水稻播种，6 月中旬移栽，10 月上旬收获水稻；10 月中下旬移栽伴矿景天，次年 6 月上旬收获。伴矿景天种植周期：2016～2020 年，每年 10～11 月至次年 5～6 月，共 4 茬。

3.1.3　土地整理

水稻收获后，粉碎稻草，排干积水，翻耕 15 cm 以上的土壤，晾晒 3～7 天，若土壤非常湿或遇连续阴雨天，则适当延长晾晒天数；待土壤稍干后，精细耙田，使土层尽量疏松细软 (图 3.1)。

3.1.4　开沟整畦

项目区的地下水位浅且降水量大，因此采用高畦栽培技术。畦面宽度为 1.5～2.0 m，畦面略呈拱形，中间略高于两侧 3～10 cm，便于排水；畦沟宽度为 0.3 m，畦沟深度为 0.3 m；视地势和排水情况，每 2～5 畦开一条 0.5 m 以上的深沟，必

要时开腰沟，以不产生积水为目标。种植期间，遇雨水天气，要及时清理沟槽排
水 (图 3.2)。

图 3.1   伴矿景天种植前的土地旋耕

图 3.2   土地开沟分畦和开沟排水

3.1.5 地膜覆盖

畦面覆盖黑色或银黑色双色地膜，膜四周用土块压稳。覆膜前土壤水分含量
不宜太高 (图 3.3)。

3.1.6 种植移栽

伴矿景天的枝条有若干主枝、侧枝和分枝，可人工将每个大于 8 cm 的侧枝
和分枝掰下来作为一株。尽量选择长势健壮的枝条使用，长势较差的枝条可 2~3
个合并为一株使用。用小锄头凿开一个小穴，每穴插入一株，深度为 3~7 cm，培
土压实。移栽时，行距、株距均以 15 cm 为宜，即每亩 2.5 万株 (图 3.4)。

图 3.3 畦面覆盖黑色地膜

图 3.4 伴矿景天在畦面移栽

3.1.7 田间管理

1. 养分管理

每亩基肥为商品有机肥 1500 kg、45％复合肥 15～25 kg；3 月返青时每亩追施尿素 3～5 kg；4～5 月生长旺盛期每亩追施尿素 3～5 kg。追肥选在下雨前一天，尽量对准膜上的孔穴，穴施到苗的根部。

2. 病虫害防治

伴矿景天对病虫害的抗性较强，一般不需要特殊管理。如发现地老虎、蝼蛄、蚂蚁等地下害虫，可按药剂说明书施用辛硫磷、聚醛·甲萘威等；如发现根部有腐烂现象，可按药剂说明书施用杀菌类药剂，如多菌灵、福美双、甲硫·噁霉灵等 (图 3.5)。

图 3.5   杀虫杀菌剂外包装照片

3. 杂草防治

不覆膜的土地，整好地后在移栽前喷施封闭性除草剂，如每亩喷施 48% 氟乐灵乳油 100~120 mL；苗后 3~6 叶期禾本科杂草可采用相应的除草剂，如每亩喷施 15% 精吡氟禾草灵 50~80 mL，草龄大用上限 (图 3.6)；阔叶杂草应人工拔除。覆膜的土地可有效抑制杂草生长，对于从移栽孔隙中长出的杂草，可人工拔除或喷施相应除草剂；沟中杂草可喷施封闭性除草剂来防治，必要时人工拔除。

3.1.8 收获与安全处置

可用镰刀贴着地面收割伴矿景天地上部，避免扯拽而带出泥土，同时应避免重压、踩踏枝条。收获物应交有资质的单位晾晒或烘干后做无害化处置。

3.1.9 土壤镉吸取修复效率

本案例中伴矿景天的产量介于 15~300 kg/亩，通过优化管理措施，产量可以稳定在 250 kg/亩 以上，地上部镉浓度介于 70~140 mg/kg。经综合计算，A1 地块种植伴矿景天 4 季，土壤 Cd 含量从 1.16 mg/kg 下降到 0.52 mg/kg；A2 地块种植 3 季，土壤 Cd 含量从 0.93 mg/kg 下降到 0.34 mg/kg；土壤 Cd 含量累计

图 3.6 返春前喷施除草剂及药剂的外包装

降低 55.2%～63.4%，平均值为 59.3%。修复后的土壤 Cd 含量已经接近或低于《土壤环境质量 农用地土壤污染风险管控标准 (试行)》(GB 15618—2018) 给出的风险筛选值，污染风险大大降低。

3.2 滇西矿区周边污染农田修复案例

3.2.1 区域概况

本案例位于云南省西部某地，属典型的低纬度山地高原季风气候，多年平均气温为 11.2℃，极端最高气温为 31.7℃，最低气温为 −10℃，年蒸发量为 1577 mm，多年平均降水量为 1007 mm。降水量多集中在 6～10 月，占年降水量的 74.2%，11 月至次年 5 月降水量仅占年降水量的 25.8%，冬春干旱，夏秋易涝。无霜期 196 天，历年平均日照时数 1994 h。项目区土壤主要由紫色砂页岩发育形成，土纲为初育土，土类为紫色土，亚类为酸性紫色土，土属为酸紫壤土。土壤 pH 范围为 4.42～8.79，有机质含量范围为 28.3～78.8 g/kg，阳离子交换量范围为 8.83～14.6 cmol/kg，速效磷含量为 1.89～75.3 mg/kg，速效钾含量为 148～648 mg/kg，水解氮含量为 75.8~478 mg/kg，土壤全量 Cd 含量为 1.50~5.45 mg/kg。该地种植玉米、水稻、小麦和蔬菜居多。玉米一年一熟是其主要的粮食生产种植制度，蔬菜零星分布种植。受露天铅锌矿无序采选产生的污水、降尘等影响，农田土壤重金属污染严重。

3.2.2 伴矿景天种植时间

根据项目区的气候和土壤条件，当地污染农田的伴矿景天采用一年一季的种植技术。每年的 4~5 月 (雨季初期) 移栽伴矿景天，当年的 9~10 月 (雨季末期) 收获。伴矿景天种植周期：2018~2019 年，共 2 季。

3.2.3 土地整理与沟渠建设

对项目区的农田使用旋耕机进行耕作，同时对田间的灌溉、排水沟渠等进行清淤与建设，以满足项目区耕地旱季用水和雨季排涝的需求 (图 3.7)。项目区的伴矿景天生长期与当地的雨季基本重合，因此需注意田间的积水、渍水等问题，尤其要避免选择排水不畅的低洼地进行种植。

图 3.7   土地耕作和开沟

3.2.4 起垄覆膜

项目区的伴矿景天生长季和雨季重合，因紫色土质地较粗、胶结性差，所以采用高垄栽培技术。起垄前，条施复合肥 (N:P$_2$O$_5$:K$_2$O = 13:5:7) 作为基肥，单季施用量为 40~60 kg/亩，具体以耕地土壤肥力进行适当调整。

基肥施用后，沿基肥条施方向起垄，起垄高度为 20~30 cm(根据当地田间积水情况可适当调整，淹水严重时则增加垄高)，垄台底宽为 80~90 cm，垄台顶宽为 60~70 cm，垄沟宽为 30~40 cm(垄台底宽 + 垄沟宽总和控制在 1.2 m 左右，过宽会降低土地利用率，过窄则不利于起垄与种植)。起垄方向要利于排水，若与等高线平行起垄，需要在低洼处深挖排水沟。根据地形情况也可适当调整垄高，坡度大则起垄适当降低垄高。

起垄完成后，喷施杀虫剂。本项目使用"百事达"杀虫剂，每亩施用量约为100 mL。杀虫剂喷施完后，立即覆盖宽度为 1 m 的黑色地膜。黑色地膜对田间杂草的抑制效果较好，且对冬季干旱环境下的土壤保温、保湿效果也更佳 (图 3.8)。注意：本阶段禁止喷施任何除草剂。

图 3.8　项目区起高垄、施基肥和覆盖地膜等现场工作图

3.2.5　种植移栽

地膜覆盖完后，使用木棍等工具在地膜上打出孔穴，用于伴矿景天苗的扦插。每个垄台打 3 行孔穴，行距控制在 15~20 cm，株距也控制在 15~20 cm，每亩种苗约 1.5 万 ~2 万株。地膜孔穴完成后，根据土壤干湿状况进行浇水。如果土壤比较旱，使用抽水设备在地膜孔穴中及时浇水。底水浇足后，便可进行伴矿景天的扦插移栽 (图 3.9)。

首先，选择健壮的伴矿景天枝条 (枝条直径在 3~7 mm 最佳) 进行扦插，每个孔穴扦插一株，枝条扦插深度以 6 cm 左右为宜。然后，在地膜内稍稍拢紧孔穴四周的土壤，使伴矿景天枝条底部可充分与土壤接触 (但需避免过度挤压土壤)，有利于伴矿景天枝条的生根、生长。最后，在地膜孔穴的四周覆盖细土，以提高地膜覆盖条件下的土壤保温、保湿效果。

图 3.9　伴矿景天高垄移栽现场工作图

3.2.6　田间管理

伴矿景天生长期间主要开展除草、杀虫、追肥、排水等田间管理工作。

1. 养分管理

如果伴矿景天的长势较差，可在扦插移栽 40~60 天时进行追肥。追肥以氮肥为主，每亩追施 15~20 kg 的尿素。

2. 病虫害防治

伴矿景天的病虫害发生率较低，且滇西项目区气温较低，并不利于病虫害的发生。在 2018 年和 2019 年伴矿景天的田间示范种植过程中，未发现明显的地上部病虫害，但土壤根部的虫害仍存在，在伴矿景天移栽前一定要对土壤喷施杀虫剂。

3. 杂草防治

项目区的田间杂草主要通过人工拔除的方式进行控制，尽量避免使用直接喷洒除草剂的治理方式。目前，市场上还没有可供伴矿景天使用的专用除草剂。为了降低田间除草成本，本项目尝试使用玉米专用除草剂 (烟嘧·莠去津) 进行田间除草工作。喷洒时一定不能把除草剂喷洒到伴矿景天的植株表面，应尽量压低喷雾器的喷头，使其接近地表 (只喷洒于垄沟间裸露的土壤表面)。除草剂的喷施只能在伴矿景天快速生长前期实施 (扦插后 50 天内)，因为进入快速生长阶段后伴矿景天的株幅很大，可把垄沟覆盖住。垄台上部孔穴周围的覆盖土处也会生长出杂草，但这些杂草只能人工拔除 (图 3.10)。

孔穴追肥　　　　　　　垄沟喷除草剂

人工拔草　　　　　　　雨季田间淹水

图 3.10　伴矿景天田间管理现场工作图

4. 田间排水

虽然种植前进行了排水沟渠的建设工作，但在雨季降水量较大且集中的情况下，仍存在田间积水、渍水等不利于生长的条件，需加大田间排水的管理工作。伴矿景天长期处于土壤淹水环境下，根系易腐烂而导致死亡。

3.2.7　收获与安全处置

项目区的伴矿景天在 9~10 月生物量达到最大，此时可对其地上部进行收获。伴矿景天收获后，均需从田间移走，不能留在农田内，否则其腐烂后吸收的镉会重新进入土壤，降低植物吸取修复效率。一方面，收获的伴矿景天可作为种苗，继续扦插移栽扩大植物修复面积；另一方面，其收获季节刚好处于当地旱季的开始阶段，收获的伴矿景天可集中堆放、晾晒，晒干后使用专用焚烧设备进行安全处置，焚烧后残渣做无害化处置。

3.2.8 土壤镉吸取修复效率

本案例中第一季和第二季伴矿景天的产量范围分别为 $0.40\sim5.77$ t/hm^2 和 $0.05\sim4.34$ t/hm^2，平均值分别为 2.01 t/hm^2 和 0.98 t/hm^2；伴矿景天地上部 Cd 浓度范围分别为 $30.4\sim373$ mg/kg 和 $71.9\sim386$ mg/kg，平均值分别为 168 mg/kg 和 171 mg/kg。植物连续吸取修复两季后，土壤全量 Cd 含量从 (2.67 ± 0.76) mg/kg 下降至 (1.61 ± 0.53) mg/kg。由于植物修复区采取高垄栽培技术，通过对耕地面积的校正获得土壤 Cd 修复效率为 $29.8\% \pm 10.3\%$。

3.3 粤北矿冶周边农田污染修复案例

3.3.1 区域概况

本案例位于广东省韶关市某铅锌冶炼厂附近，地貌属丘陵间小冲积平原，项目区域内地形较为平坦。该区域属亚热带季风气候，年平均气温较高，达 $20.0℃$；降水量和蒸发量均较大，平均年降水量 1682 mm，四季分布不均，4~9 月降水量达年降水量的 68%；年平均日照时数为 1760 h，无霜期 308 天。该区域地处大型铅锌矿成矿带，土壤重金属本底含量较高，加之历史上铅锌矿和冶炼厂的不规范开采及废水、废气、废渣等"三废"排放的影响，其农田土壤重金属污染严重。项目区主要以稻田土壤为主，但因受污染已弃耕两年多，土壤 pH 为 6.13，有机质含量为 28.2 g/kg，无机氮含量为 36.9 mg/kg，速效磷含量为 38.4 mg/kg，速效钾含量为 121 mg/kg，土壤全量 Cd 含量为 5.95 mg/kg。

修复示范区污染农田土壤上已建设有地面集中光伏电站，为当地重金属污染农田量身定制了"板上光伏发电、板下土壤治理"的综合利用技术。

3.3.2 伴矿景天种植时间

华南地区伴矿景天田间示范种植时间建议为每年的 10~11 月，在翌年的 3~4 月可进行第一次收获，6~7 月可进行第二次收获；也可在 6~7 月一次性进行收获。若 10~11 月未能及时种植，也可于翌年开春回暖后的 3 月中上旬种植，也能在 6~7 月收获。

光伏板条件下，板下种植的伴矿景天可安全越夏，6~7 月收割、留茬后伴矿景天生长滞缓，但不会因高温烂根，10~11 月气温下降后可继续生长。因此，在光伏板下，伴矿景天可实现一次种植、多年生长。

本案例分别于 2018 年 1 月 16 日至 2018 年 6 月 20 日、2018 年 11 月 6 日至 2019 年 7 月 19 日和 2019 年 11 月 17 日至 2020 年 6 月 29 日，共进行了连续 3 季伴矿景天的种植修复。

3.3.3 土地整理与沟渠建设

伴矿景天最忌淹水，宜选择灌排水良好的区域开展种植，种植前确保田块四周有排水沟渠及灌溉水源。华南地区气温高、雨水多，杂草生长迅猛，种植前需提前 10~15 天开展全面除草工作。除草剂一般选用草甘膦，喷施量为 200~300 mL/亩，一般为 220~280 mL/亩，优选为 240~260 mL/亩。根据当地杂草种类，还可选择配施适当浓度的草铵膦，以增强除草效果。若种植田块的杂草生长茂盛，可结合割草机人工割草，并将杂草移出田块。

其后便可进行土壤翻耕工作。采用旋耕机进行土壤深翻耕，深度为 20~30 cm，旋耕次数为 2~3 次，以保证土壤颗粒粒径大小在 0.5~1.5 cm。翻耕时需将土壤中大块石子、较硬的稻茬、杂草等植物茎秆挑出，避免后续覆膜时损坏地膜。同时平整表土，避免表土不平造成低洼积水。疏松耕作层，改善土壤结构，增加土壤通透性，使土壤与伴矿景天紧密贴实，同时还可以平整地表，便于畦沟建设 (图 3.11)。

土地整理

沟渠建设

图 3.11 光伏板下土地整理与沟渠建设

3.3.4 整畦与开沟

土壤翻耕平整后即可进行整畦开沟，本项目采用高畦栽培技术。光伏组件下需依据光伏组件的布设情况进行整畦。光伏组件呈东西向连接排列，于南北向相邻两个光伏支撑管桩间的 5 m 间隙中沿东西向开畦沟。光伏板下沿一侧会有雨水

汇集，因此需沿光伏板两侧边沿开沟，沟宽 30～40 cm，沟深 20 cm。以该畦沟为
界，于畦沟左右两侧整畦。光伏组件有高度限制，对于光伏组件较高、旋耕机可
在板下操作的区域，两个光伏支撑管桩间可起 3 畦；对于光伏组件较矮、旋耕机
无法在板下操作的区域，两个光伏支撑管桩间可起 2 畦。整畦高度为 20～30 cm，
积水区域应适当增加畦沟深度，畦面宽为 120～130 cm(图 3.12)。

图 3.12 光伏板下整畦与开沟

3.3.5 施肥与浇水

整畦完成后，应施足底肥，底肥施用复合肥 (N、P_2O_5、K_2O 的含量均不低
于 15%)40～50 kg/亩。将复合肥均匀撒于畦面上，并用锄头适当轻翻，将复合肥
翻进表层 3～5 cm 土壤中，同时将畦面土壤充分欠细整平，做成瓦背形，用锄头
或木板稍微拍实土表 (图 3.13)。如果土壤干旱，应浇足底墒水，浇水量为田间持
水量的 70%～80%。

图 3.13 光伏板下施肥与浇水

3.3.6 畦面覆膜

华南地区杂草较多,为防治杂草并提高越冬土壤温度,需进行地膜覆盖。通常选用黑色或银黑双色地膜,以起到防治杂草和保温、保湿的作用。选用银黑双色地膜时,应黑色面朝下、银色面朝上,白天可以有效降低地温,且其强反光作用可以有效趋避有翅蚜虫、蓟马等害虫;黑色面在夜晚可有效保温,同时可抑制杂草的生长。地膜必须拉紧铺平、无皱折,并与畦面紧贴,膜的四周用土压紧压实 (图 3.14)。

图 3.14 光伏板下起畦与覆膜

3.3.7 种植移栽

地膜覆盖后可开展扦插移栽作业。优选粗壮的枝条,于地膜上打孔穴移栽。每畦扦插 6 行,行距、株距均约 20 cm,每穴扦插 1 株粗壮枝条或 2~3 株较弱的枝条,每亩用苗 12000~15000 株。

可使用尖头小锄头或宽约 3 cm、长约 20 cm 的竹片来打孔,也可直接从地膜厂家定制预制打孔地膜,打孔直径为 4~5 cm,打孔深度为 5~8 cm。在孔穴内土壤上扒开小洞后将枝条扦插到底,再将枝条四周土壤拢紧,保证伴矿景天枝条与土壤充分接触,避免悬空。为避免强日照天气时,伴矿景天与地膜接触导致种苗因高温烫伤,最好将枝条移栽至地膜孔中央,与四周地膜保持 2~3 cm 的距离。移栽后,在伴矿景天四周及地膜口处覆细土定苗、压实。定植后若较干旱,需及时浇 "定根水"。可采用畦沟灌水的方式,待畦面膜下土壤自然吸水浸透 (图 3.15)。这样可使伴矿景天的适应期大大缩短,在短时间内即可恢复生长。

3.3.8 田间管理

伴矿景天生长期间,主要开展养分、水分管理及杂草、病虫害控制。

图 3.15　光伏板下伴矿景天的移栽种植

1. 养分管理

除施用基肥外，伴矿景天春季返青时可适当追肥，追肥以氮肥为主，每亩追施尿素 3~5 kg。若进行留茬多次收割，可于留茬收割后的 7~10 天追施尿素 3~5 kg/亩，以促进其快速生长。

2. 水分管理

水分管理以排水为主。伴矿景天是旱地植物，土壤含水量总体以保持湿润偏干为宜。华南地区降水多，应定时查看田块的排水情况，尤其是在持续降雨或大到暴雨天气时，应及时查看光伏板下沿一侧的垄沟排水是否通畅，及时疏通各排水沟，避免伴矿景天长时间淹水。

3. 除草

华南地区夏季高温多雨，杂草生长迅速，除种植前喷施除草剂及覆盖地膜外，在伴矿景天生长期内也需定时对杂草进行控制。用地膜覆盖畦面，可以控制杂草生长，但移栽孔处会残留少许杂草，在伴矿景天生长前期可以人工拔除。待移栽 30 天以上时，伴矿景天已将移栽孔完全覆盖，此时杂草很少，基本无须特别管理。畦沟的杂草可采用喷施除草剂的方式去除，依据田间杂草种类选择喷施草甘膦、盖草能等除草剂。喷洒时要压低喷头，尽量将喷头贴地喷施，避免将除草剂喷洒至伴矿景天上。若伴矿景天不慎沾到农药，应及时喷洒清水清洗。若伴矿景天因沾到除草剂出现泛黄，通常 10~15 天后会复绿，影响不大 (图 3.16)。

4. 病虫害防治

伴矿景天整个生长期对病虫害的抗性均较强，一般不需要特殊管理。但出现下列情况时应注意观察并及时采取措施：① 移栽后出现长势不均现象，部分植株

排水 除草

图 3.16 光伏板下排水除草

泛黄、生长停滞，此时应及时扒开植株根部土壤，检查是否有地老虎等害虫咬断幼苗根、茎部，若有，需尽快喷施 50% 辛硫磷毒杀害虫，并注意观察，及时补苗。② 高温多雨天气下伴矿景天容易烂根，一方面可以加强灌排水管理，另一方面可以使用杀菌剂对伴矿景天植株进行喷施。通常，种植伴矿景天后，在高温多雨天气开始初期，喷施吡唑醚菌酯和枯草芽孢杆菌混合杀菌剂，预防伴矿景天出现烂根现象。混合杀菌剂不可与其他农药等物质同时使用，每次喷施杀菌剂后，应根据天气情况密切关注田间积水状况，保持田间排水通畅，确保药效发挥最佳。当伴矿景天植株再次出现烂根现象时，第二次喷施混合杀菌剂的用量与第一次用量相同，每季伴矿景天植株使用混合杀菌剂进行喷施的次数不多于两次且中间安全间隔期为 15 天。

3.3.9 伴矿景天的收获与处置

华南地区雨水充足，越冬气温高，伴矿景天的适宜生长周期长，通过覆膜或遮阴等措施，可提高土壤温度、保水保湿，促进其快速生长。因此在华南地区，可根据伴矿景天生长情况增加收割次数。于 3~4 月进行第一次收割，收割时留茬3~5 cm，让其继续生长繁殖，6 月底至 7 月初进行第二次收割。收获时，直接贴着地膜将地上部沿主茎底部全部收割。伴矿景天收获后，应及时移出田间，避免腐烂导致吸收的重金属再次返回土壤。收获后的伴矿景天可作为种苗继续进行扦插种植，也可在晾晒、造粒后，使用专用的焚烧炉进行安全处置。

3.3.10　土壤镉吸取修复效率

本案例中第一季、第二季和第三季伴矿景天的产量范围分别为 $1.66\sim$ $3.19\ t/hm^2$、$3.17\sim8.49\ t/hm^2$ 和 $1.29\sim3.97\ t/hm^2$，平均值分别为 $2.66\ t/hm^2$、$5.68\ t/hm^2$ 和 $2.55\ t/hm^2$；伴矿景天地上部 Cd 浓度范围分别为 $368\sim793\ mg/kg$、$127\sim629\ mg/kg$ 和 $328\sim592\ mg/kg$，平均值分别为 $551\ mg/kg$、$356\ mg/kg$ 和 $415\ mg/kg$。植物连续吸取修复三季后，土壤全量 Cd 含量从 $(5.95\pm0.27)\ mg/kg$ 下降至 $(2.36\pm0.51)\ mg/kg$。由于植物修复区采取高畦栽培技术，对耕地面积校正后获得土壤 Cd 的吸取修复效率为 $47.1\%\pm6.72\%$。

第 4 章 伴矿景天的镉锌超积累特征研究

伴矿景天是在浙江杭州郊区的铅锌矿区发现的一种 Cd、Zn 超积累植物，耐干旱、生物量大，其地上部 Cd、Zn 浓度是一般植物的几十倍至数百倍，对 Cd 和 Zn 具有超积累能力，且对 Cd 的富集系数高于 Zn。

4.1 不同生境下伴矿景天的镉锌积累性

伴矿景天不仅对重金属 Cd 和 Zn 具有较高的耐性，而且对 Cd 和 Zn 也具有较高的吸收性。伴矿景天对 Cd 和 Zn 的吸收既受其生长环境的影响，也与污染土壤类型紧密相关。研究表明，伴矿景天在酸性土壤上的 Cd 和 Zn 吸收能力高于碱性土壤，田间露天种植条件下的伴矿景天 Cd 和 Zn 吸取量也高于塑料或温室大棚种植条件 (Zhou et al, 2018a)。

4.1.1 矿区原居地条件下伴矿景天的镉锌积累性

野外调查结果表明 (Hu et al., 2015)，在原居地尾矿堆表层土壤全量 Cd 和 Zn 含量为 36~157 mg/kg 和 1930~7250 mg/kg 的条件下，伴矿景天仍能正常生长，完成其生长周期，未表现出任何的毒害症状，显示出对 Cd、Zn 的高耐受性。伴矿景天地上部 Cd 和 Zn 浓度分别达到 574~1470 mg/kg 和 9020~14600 mg/kg，超过或接近 Cd 和 Zn 超积累植物的地上部重金属浓度指标，对 Cd 的富集系数为 3.66~40.0，对 Zn 的富集系数为 1.46~6.53，可见伴矿景天在具有高度 Zn、Cd 耐性的同时也具有极高的吸收性。

4.1.2 盆栽条件下伴矿景天的镉锌积累性

供试土壤采自浙江杭州郊区冶炼小高炉附近，全量 Zn 和 Cd 含量达 6499 mg/kg 和 15.3 mg/kg(表 4.1)。伴矿景天生长的 5 个月期间未出现任何毒害症状，其根、茎和叶中 Zn 浓度分别为 12169 mg/kg、18240 mg/kg 和 12352 mg/kg，Cd 浓度分别为 60.8 mg/kg、374 mg/kg 和 213 mg/kg，超过 Zn、Cd 超积累植物的地上部重金属浓度指标。伴矿景天不同组织中 Zn 和 Cd 的浓度均为茎 > 叶 > 根。盆栽条件下，伴矿景天对土壤 Zn 和 Cd 的富集系数达 2.25 和 17.3，根部对 Zn 和

Cd 的转运系数达 1.20 和 4.35,表明伴矿景天是一种能同时超量吸收锌镉的景天科植物 (骆永明等, 2015)。

表 4.1   温室盆栽条件下伴矿景天重金属浓度、富集系数及转运系数

重金属	土壤浓度 /(mg/kg)	植物浓度/ (mg/kg)			富集系数 (BCF)	转运系数 (TF)
		叶	茎	根		
Zn	6499 ± 324	12352 ± 3791	18240 ± 2615	12169 ± 521	2.25	1.20
Cd	15.3 ± 0.6	213 ± 67	374 ± 91	60.8 ± 7.8	17.3	4.35

在全国不同省份采集的 108 个土壤样品上开展伴矿景天的盆栽试验 (表 4.2),土壤全量 Cd 含量和 Zn 含量范围分别为 0.06~95.4 mg/kg 和 26.6~8801 mg/kg,伴矿景天地上部 Cd 和 Zn 平均浓度为 118 mg/kg 和 2422 mg/kg,最大值分别为 1188 mg/kg 和 14779 mg/kg。伴矿景天对土壤 Cd 和 Zn 的富集系数均值为 41.2 和 8.31,最大值分别为 213 和 37.1,表明其在不同类型和污染程度的土壤上仍具有较高的 Cd 和 Zn 吸收能力 (Wu et al., 2018; Zhou et al., 2019)。

表 4.2   温室盆栽条件下不同类型土壤上伴矿景天地上部重金属浓度和富集系数

参数	土壤浓度 /(mg/kg)		植物浓度 /(mg/kg)		富集系数	
	Cd	Zn	Cd	Zn	Cd	Zn
最小值	0.06	26.6	0.66	87.6	2.00	0.55
最大值	95.4	8801	1188	14779	213	37.1
平均值	4.65	531	118	2422	41.2	8.31
标准差	11.3	1105	231	332	36.1	0.74
变异系数/%	243	208	196	142	87.6	92.4

4.1.3   水培条件下伴矿景天的镉锌积累性

在试验 Cd 处理浓度范围 (0~200 μmol/L) 内,伴矿景天生长正常,随着营养液中 Cd 浓度的上升,生物量无显著下降,其叶、茎和根中 Cd 浓度均随营养液中 Cd 浓度的上升而显著升高,叶、茎中 Cd 浓度最高达 5764 mg/kg 和 5373 mg/kg,不同组织 Cd 浓度为叶 > 茎 > 根 (表 4.3)。各处理伴矿景天对 Cd

表 4.3   不同浓度镉处理下伴矿景天镉浓度及转运系数

Cd/(μmol/L)	叶/(mg/kg)	茎/(mg/kg)	根/(mg/kg)	转运系数 (TF)
0	66.0 ± 5.0	38.9 ± 0.4	20.0 ± 0.5	2.76
50	3488 ± 1895	2656 ± 210	1082 ± 64	3.84
100	5764 ± 570	3845 ± 175	1331 ± 25	3.82
200	5377 ± 361	5373 ± 558	3365 ± 681	1.60

的转运系数均 >1。随着营养液中 Cd 浓度的提高，伴矿景天对 Cd 的转运系数增大，最高达 3.84。水培试验结果再次证实伴矿景天可忍受生长环境中极高的 Cd 浓度，且生长正常，对 Cd 吸收量极大 (骆永明等，2015)。

4.1.4 田间条件下伴矿景天的镉锌积累性

浙江杭州的田间小区试验地为农田土壤，因周围金属冶炼厂长期的废水排放和烟尘沉降，导致土壤多种重金属积累。当地因历史上多年施用石灰而土壤 pH 较高，试验地土壤 pH 为 7.98，土壤全量 Cd 和 Zn 含量分别为 3.60 mg/kg 和 1374 mg/kg。但伴矿景天在该污染土壤上仍可成活并正常生长，种植生长 3 个月后其地上部 Cd 和 Zn 浓度分别为 78.7 mg/kg 和 5306 mg/kg，对土壤 Cd 的富集系数高达 21.9，对土壤 Zn 的富集系数也达 3.86，表现出对 Cd 和 Zn 良好的吸收性和积累性。单位面积上伴矿景天生物量可达 1.87 t/hm²，Cd 和 Zn 吸收量达 0.147 kg/hm² 和 9.94 kg/hm²，表明伴矿景天可以应用于长期污染农田土壤的植物修复，并具有一定的修复能力和应用前景 (骆永明等，2015)。

粤北某地的田间小区试验采用"板上光伏发电、板下土壤治理"的综合利用方式。因地处大型铅锌矿成矿带，土壤重金属本底含量较高，加之长期雨水的冲刷、氧化作用及历史上不规范的开采等因素，导致周边农田土壤重金属污染严重。田间小区位于光伏发电组件下，土壤 pH 为 6.13，全 Cd 和全 Zn 含量为 5.95 mg/kg 和 1997 mg/kg。如表 4.4 所示，2018～2020 年，第一季、第二季和第三季伴矿景天生物量平均值为 2.66 t/hm²、5.68 t/hm² 和 2.55 t/hm²。地上部 Cd 浓度分别达 551 mg/kg、356 mg/kg 和 415 mg/kg，地上部 Zn 浓度分别达 15.7 g/kg、13.3 g/kg 和 3.40 g/kg。经伴矿景天连续修复三季，土壤全量 Cd 含量由 5.95 mg/kg 下降到 2.36 mg/kg，全量 Zn 含量由 1997 mg/kg 下降到 1506 mg/kg，对耕地面积校正后获得的土壤总 Cd 和 Zn 的修复效率分别为 47.1% 和 19.2%。

表 4.4 粤北某试验田伴矿景天生物量 (干重)、镉锌浓度与土壤修复效率

生长季	伴矿景天			土壤修复效率/%	
	生物量 /(t/hm²)	Cd 浓度 /(mg/kg)	Zn 浓度 /(g/kg)	Cd	Zn
第一季	2.66 ± 0.43	551 ± 138	15.7 ± 3.7	30.3 ± 11.1	8.05 ± 15.0
第二季	5.68 ± 1.76	356 ± 139	13.3 ± 3.6	5.59 ± 26.3	−4.84 ± 26.3
第三季	2.55 ± 0.71	415 ± 80	3.40 ± 0.39	18.5 ± 15.8	12.1 ± 13.8
总量	10.9 ± 2.3	—	—	47.1 ± 6.7	19.2 ± 12.8

　　滇西某农田长期受露天铅锌矿采选活动的影响，土壤重金属污染严重。2018～2019 年对滇西某地 240 亩中重度污染农田开展连续两年的伴矿景天吸取修复示范项目，修复前土壤全量 Cd 和 Zn 含量范围分别为 1.50～5.45 mg/kg 和 117～430 mg/kg，平均值分别为 2.58 mg/kg 和 171 mg/kg。如表 4.5 所示，第一季和第二季伴矿景天生物量分别为 1.95 t/hm² 和 0.91 t/hm²，地上部 Cd 浓度为 170 mg/kg 和 172 mg/kg，Zn 浓度为 4113 mg/kg 和 4596 mg/kg。连续吸取修复两季后土壤全量 Cd 和 Zn 浓度降至 1.53 mg/kg 和 141 mg/kg，对耕地面积校正后，土壤 Cd 和 Zn 的平均修复效率分别为 29.9%和 13.1%。

表 4.5　滇西某示范区伴矿景天生物量 (干重)、镉锌浓度与土壤修复效率

生长季	伴矿景天			土壤修复效率/%	
	生物量 /(t/hm²)	Cd 浓度 /(mg/kg)	Zn 浓度 /(g/kg)	Cd	Zn
第一季	1.95 ± 1.02	170 ± 49	4113 ± 1528	20.4 ± 10.7	9.08 ± 6.77
第二季	0.91 ± 0.83	172 ± 57	4596 ± 1730	12.3 ± 12.4	4.07 ± 7.80
总量	2.85 ± 1.43	—	—	29.9 ± 10.5	13.1 ± 7.53

　　2016～2020 年，在苏南开展了镉污染农田土壤伴矿景天吸取修复示范及效果评估 (表 4.6)。A1 地块修复前土壤全 Cd 含量为 1.16 mg/kg，2016～2020 年累计种植伴矿景天 4 季，植物累计生物量和带走 Cd 分别为 12.9 t/hm² 和 1256 g/hm²。基于植物吸收的 Cd 修复效率为 57.7%，修复后土壤 Cd 含量实测值为 0.52 mg/kg，基于土壤实测的修复效率为 55.2%。A2 地块修复前土壤全 Cd 含量为 0.93 mg/kg，2017～2020 年累计种植伴矿景天 3 季，植物累计生物量和

表 4.6　苏南某示范区伴矿景天生物量 (干重)、镉浓度与土壤修复效率

地块	生长季	伴矿景天			土壤 Cd 修复效率/%	
		生物量 /(t/hm²)	Cd 浓度 /(mg/kg)	Cd 吸取量 /(g/hm²)	植物吸收	土壤实测
A1	第一季	2.25	98.1	221	10.1	
	第二季	2.58	96.5	249	11.4	
	第三季	3.44	121	416	19.1	
	第四季	4.62	80.2	370	17.0	
	总量	12.9	—	1256	57.7	55.2
A2	第一季	2.58	83.6	216	12.4	
	第二季	3.87	139	538	30.8	
	第三季	4.16	72.1	300	17.2	
	总量	10.6	—	1053	60.4	63.4

带走 Cd 分别为 10.6 t/hm² 和 1053 g/hm²。基于植物吸收的修复效率为 60.4%，修复后土壤 Cd 含量实测值为 0.34 mg/kg，基于土壤的实测修复效率为 63.4%。基于植物和基于土壤的修复效率基本吻合。综合计算，A1 和 A2 两块地通过每年 10 月到次年 6 月种植伴矿景天 3~4 季，土壤 Cd 含量从 1.16 mg/kg 下降到 0.52 mg/kg 和从 0.93 mg/kg 下降到 0.34 mg/kg，累计降低 55.2%~63.4%。修复后土壤 Cd 含量已经接近或低于《土壤环境质量　农用地土壤污染风险管控标准 (试行)》(GB 15618—2018) 给出的风险筛选值，污染风险大大降低。

4.1.5　不同生境下伴矿景天的镉锌积累性对比

2015~2016 年在玻璃温室、塑料大棚和田间露天三种种植环境中，利用盆栽试验分别研究不同类型污染土壤上伴矿景天对 Cd 和 Zn 的积累特征 (Zhou et al., 2019)。共选择 6 种不同污染程度与类型的土壤，土壤全 Cd 和全 Zn 含量范围分别为 0.99~10.2 mg/kg 和 116~1842 mg/kg，pH 范围为 5.32~8.17。三种不同生境中伴矿景天的生物量从高到低的顺序为塑料大棚 ≈ 田间露天 > 玻璃温室 (Zhou et al., 2018a)。如表 4.7 所示，第一季伴矿景天地上部 Cd 和 Zn 浓度介于 20.7~502 mg/kg 和 317~14779 mg/kg，第二季伴矿景天地上部 Cd 和 Zn 浓度介于 6.43~276 mg/kg 和 207~15469 mg/kg。不同类型土壤上，三种生境中伴矿景天地上部 Cd 和 Zn 浓度的变化趋势并不一致。这一结果表明，伴矿景天对土壤 Cd 和 Zn 的吸收不仅受到生长环境的影响，同时也与土壤类型有关。

表 4.7　不同生境下盆栽试验伴矿景天地上部镉锌浓度变化　(单位：mg/kg)

	土壤	玻璃温室		塑料大棚		田间露天	
		第一季	第二季	第一季	第二季	第一季	第二季
Cd	SG1	67.0 ± 1.3	38.4 ± 3.3	32.0 ± 5.8	10.8 ± 0.4	90.1 ± 5.4	57.6 ± 5.0
	HZ	20.7 ± 1.9	6.43 ± 0.63	29.2 ± 10.1	5.19 ± 1.20	21.1 ± 3.0	10.0 ± 0.5
	TZ	106 ± 7	85.6 ± 5.1	162 ± 4	74.2 ± 44.3	88.2 ± 11.8	35.9 ± 2.2
	YY	61.4 ± 3.3	23.7 ± 2.9	35.7 ± 2.2	6.51 ± 0.68	38.4 ± 5.1	16.9 ± 2.3
	SG2	217 ± 6	44.1 ± 4.2	105 ± 18	18.8 ± 2.6	226 ± 16	74.6 ± 8.0
	SG3	502 ± 9	276 ± 18	219 ± 24	37.2 ± 12.4	493 ± 64	198 ± 9
Zn	SG1	1073 ± 22	1148 ± 33	2182 ± 297	527 ± 126	2168 ± 178	2437 ± 376
	HZ	317 ± 17	207 ± 22	1565 ± 415	1049 ± 541	870 ± 157	386 ± 23
	TZ	2360 ± 152	3203 ± 338	4206 ± 927	2202 ± 887	2916 ± 453	1611 ± 124
	YY	8559 ± 479	5936 ± 386	4727 ± 211	943 ± 311	5064 ± 461	2500 ± 380
	SG2	11460 ± 308	4563 ± 449	3193 ± 171	763 ± 42	9687 ± 378	5606 ± 404
	SG3	14779 ± 768	15469 ± 433	2638 ± 297	785 ± 43	11141 ± 1000	8403 ± 602

4.2　伴矿景天植物体内镉锌分布特征

伴矿景天根部吸收重金属后，将重金属运送至各个组织部位，所以各个组织部位所含重金属浓度有差别。研究表明，伴矿景天叶片中的重金属浓度往往大于茎及根中的重金属浓度。叶片也因为叶龄不同、对重金属吸收性不同而具有不同的重金属浓度。

4.2.1　伴矿景天不同叶龄叶片的镉锌积累特征

1. 盆栽条件下不同叶龄叶片的镉锌积累特征

盆栽试验在中国科学院南京土壤研究所温室中进行，于 2006 年 4 月 15 日开始，污染土壤用伴矿景天连续修复，共种植六季，其中对盆栽第四季和第六季新老叶取样 (李思亮等, 2010)。第四季种植时间为 2007 年 4 月 14 日到 2007 年 7 月 5 日，第六季种植时间为 2007 年 11 月 15 日到 2008 年 4 月 15 日。第四季收获时，生长在低污染土壤 (S1) 的伴矿景天成熟叶和新叶中 Zn 浓度分别为 3242 mg/kg 和 2048 mg/kg(图 4.1A)，差异不显著；而生长在高污染土壤 (S4) 的伴矿景天新叶和成熟叶中浓度分别为 16310 mg/kg 和 12734 mg/kg，即新叶中 Zn 浓度显著高于成熟叶。收获第六季伴矿景天时发现，S1 和 S4 新叶和成熟叶中 Zn 的分布发生了变化：S1 上生长的伴矿景天成熟叶和新叶中浓度分别为 8290 mg/kg 和 1360 mg/kg，成熟叶 Zn 浓度显著高于新叶；S4 上成熟叶和新叶中浓度分别为 16585 mg/kg 和 14876 mg/kg，成熟叶中 Zn 浓度略高于新叶，但差异不显著。无论第四季还是第六季，生长在 S4 的伴矿景天新叶和成熟叶中 Zn 的浓度都显著高于 S1 土壤上生长的同龄叶，表明随着土壤中 Zn 浓度的增加，伴矿景天叶中重金属的富集量也在增加。土壤中重金属全量的变化可能是引起第四季和第六季新叶和成熟叶 Zn 分布差异的原因。除 S1 第六季伴矿景天新叶和成熟叶中 Cd 浓度差别不大外，第四季和第六季伴矿景天新叶中 Cd 浓度均显著高于成熟叶 (图 4.1B)；最高 Cd 浓度出现在 S4 土壤上，第四季新叶中为 254 mg/kg。

2. 水培条件下不同叶龄叶片的镉锌积累特征

水培试验处理 Zn [Zn(NO$_4$)$_2$6H$_2$O] 浓度为 10 μmol/L 和 600 μmol/L，Cd [Cd(NO$_4$)$_2$4H$_2$O] 浓度为 1 μmol/L 和 100 μmol/L(李思亮等, 2010)。如图 4.2A 所示，随溶液中 Zn 浓度的增加，伴矿景天新叶和成熟叶中 Zn 的浓度也相应增加。不论何种处理，新叶中 Zn 浓度均高于成熟叶。在 Zn 浓度为 10 μmol/L 下，处理 7 天后新叶 Zn 浓度显著高于成熟叶，而处理 28 天和 56 天后，新叶中 Zn

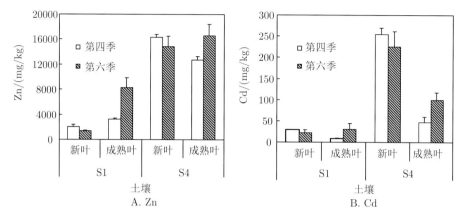

图 4.1 不同污染土壤上伴矿景天不同叶龄叶中 Zn 和 Cd 浓度

浓度虽然均高于成熟叶，但都没达到显著水平。而在 Zn 浓度为 600 μmol/L 处理下，处理 7 天、28 天新叶中 Zn 浓度均显著高于成熟叶，其中处理 7 天后甚至达到极显著水平，而处理 56 天后新叶中 Zn 浓度略大于成熟叶，表明伴矿景天新叶和成熟叶中 Zn 浓度的差异与营养液中 Zn 处理浓度及处理时间的长短有关。

与 Zn 处理相似，随溶液中 Cd 浓度的增加，伴矿景天新叶和成熟叶中 Cd 浓度也相应增加 (图 4.2B)。无论何种处理，新叶中 Cd 浓度始终高于成熟叶。在 Cd 浓度为 1 μmol/L 下，处理 7 天后新叶中 Cd 浓度显著高于成熟叶，而处理 28 天和 56 天后，新叶中 Cd 浓度虽然均高于成熟叶，但都没达到显著水平，原因可能是溶液中 Cd 浓度较低，后期生物量增长的速度大于 Cd 浓度增长速度，即稀释效应。在 Cd 浓度为 100 μmol/L 下，处理 7 天和 28 天后新叶中 Cd 浓度均显著高于成熟叶，其中处理 7 天后甚至达到极显著的水平，而处理 56 天后新叶中 Cd 浓度高于成熟叶，但没达到显著水平，原因可能是随着处理时间的延长新叶中 Cd 浓度即将达到饱和。新叶和成熟叶中 Cd 浓度的最大值均出现在 Cd 浓度为 100 μmol/L 处理 56 天时，新叶和成熟叶中 Cd 的浓度分别为 15057 mg/kg 和 9060 mg/kg。

3. 田间条件下不同叶龄叶片的镉锌积累特征

田间试验为 2006 年 4 月至 7 月在浙江杭州郊区某污染农田土壤 (已连续修复数年) 上种植伴矿景天。土壤类型为湿润黏化富铁土，污染土壤 pH 为 7.98，土壤中 Zn 和 Cd 浓度分别为 1374 mg/kg 和 3.60 mg/kg(李思亮等, 2010)。如表 4.8 所示，污染土壤上伴矿景天不同叶龄叶中 Zn 和 Cd 分布规律并不相同，新叶中 Cd 浓度是成熟叶的 3.1 倍，而新叶的 Zn 浓度是成熟叶的 66%。

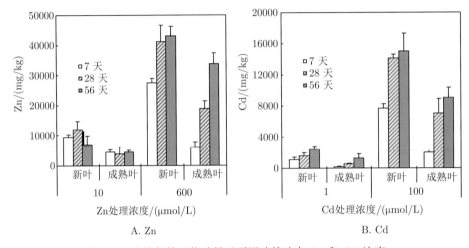

图 4.2　水培条件下伴矿景天不同叶龄叶中 Zn 和 Cd 浓度

表 4.8　田间污染土壤上伴矿景天不同叶龄叶中镉锌浓度　　（单位：mg/kg）

叶龄	Cd	Zn
新叶	69.9 ± 10.5	2310 ± 327
成熟叶	22.3 ± 2.5	3499 ± 572

4.2.2　伴矿景天不同叶龄叶片的镉锌微区分布

通过亚细胞差速离心技术和微米尺度质子诱导 X 射线发射光谱 (micro-PIXE) 法，研究不同叶龄叶中 Zn 和 Cd 的组织分布及亚细胞分布，旨在探明 Zn、Cd 在伴矿景天新叶和成熟叶中亚细胞分布的差异，为揭示伴矿景天的 Zn、Cd 超积累及耐性生理机制提供依据。

1. 矿区原居地伴矿景天叶中元素分布

伴矿景天采自浙江省淳安县某铅锌矿区。图 4.3 展示了伴矿景天叶片横切面的组织结构及元素分布 (Hu et al., 2015)。可以看出，钙 (Ca) 主要分布在叶肉细胞，尤其是栅栏组织，而钾 (K) 在下表皮和海绵组织中的浓度较其他细胞要高，且 K 在维管束中的浓度较周围细胞要高，可以帮助辨认维管束。在含水冷冻叶片中，Zn 平均浓度为 1571 mg/kg，上、下表皮细胞中 Zn 浓度最高，平均浓度分别为 5193 mg/kg 和 5716 mg/kg，叶肉细胞中 Zn 浓度较低，栅栏和海绵组织中 Zn 平均浓度为 1194 mg/kg 和 959 mg/kg；与其他组织相比，叶脉维管束中 Zn 浓度较低，平均浓度为 592 mg/kg。Cd 在含水冷冻叶片横切面中的平均浓度为

171 mg/kg，在上、下表皮及栅栏组织中的浓度接近，但都高于海绵组织，而 Cd 在维管束中浓度最高，为 256 mg/kg。另外铁 (Fe) 在表皮细胞中的浓度较叶肉细胞高，硫 (S) 和铜 (Cu) 的分布比较均匀，Cu 在叶脉维管束中的浓度较高。

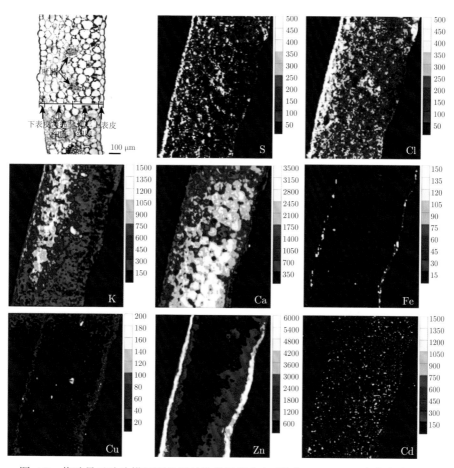

图 4.3   伴矿景天叶片横切面组织结构及元素分布 (单位：mg/kg，含水冷冻组织)

2. 水培条件下不同锌镉处理伴矿景天不同叶龄叶中锌镉的亚细胞分布

由图 4.4 A 可以看出，Zn 600 μmol/L 处理伴矿景天新叶和成熟叶各组分中 Zn 的绝对浓度均高于 Zn 10 μmol/L 处理 (Cao et al., 2014)。在 Zn 浓度为 10 μmol/L 时，新叶中 Zn 主要分布于细胞壁和可溶性部分，占 81.2%～86.1%，成熟叶中主要分布于可溶性部分，占 74.8%～77.6%；而在 Zn 浓度为 600 μmol/L

时，新叶中 Zn 在细胞壁、细胞器和可溶性部分中的分布差别不大，成熟叶中主要分布于可溶性部分和细胞器，占 91.9%～95.6%。

由图 4.4B 可以看出，Cd 100 μmol/L 处理伴矿景天新叶和成熟叶各组分中 Cd 的绝对浓度均高于 Cd 1 μmol/L 处理。在 Cd 浓度为 1 μmol/L 和 100 μmol/L 处理时，伴矿景天新叶和成熟叶中 Cd 均主要分布于细胞壁和细胞器部分。在 Cd 浓度为 1 μmol/L 处理时，新叶中细胞壁和细胞器部分占 95.7%～97.9%，成熟叶中细胞壁和细胞器部分占 76.3%～90.0%；而在 Cd 浓度为 100 μmol/L 处理时，新叶中细胞壁和细胞器部分占 97.0%～98.6%，成熟叶中细胞壁和细胞器部分占 90.6%～97.9%。

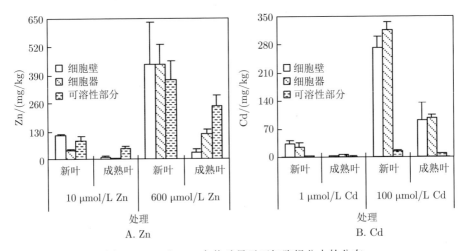

图 4.4　Zn 和 Cd 在伴矿景天亚细胞组分中的分布

3. 水培条件下不同锌处理伴矿景天不同叶龄叶中锌的微区分布

由伴矿景天不同叶龄叶 Zn 的微米尺度质子诱导 X 射线发射光谱 (micro-PIXE) 结果可以看出 (图 4.5、图 4.6)，Zn 在新叶和成熟叶各组织中并不是均匀分布的，而且新叶中各组织的 Zn 浓度高于成熟叶。这与以往的研究结果一致，也直观地证明了新叶和成熟叶中 Zn 浓度化学分析结果的可靠性 (骆永明等, 2015)。新叶和成熟叶的组织分布趋势并不一致，新叶中 Zn 主要分布于上下表皮和靠近上表皮的叶肉细胞中，而且上表皮 Zn 浓度高于下表皮；成熟叶中 Zn 主要分布于上表皮和下表皮，而且下表皮 Zn 浓度高于上表皮，表明新叶和成熟叶中富集 Zn 的机制不同。这种机制可能和新叶及成熟叶中 Zn 的亚细胞分布差异有关，有待于进一步研究。

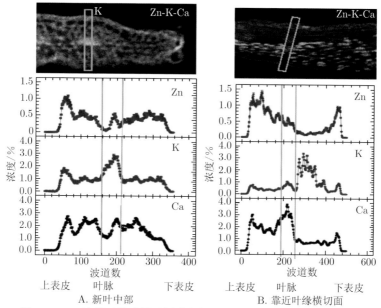

图 4.5 Zn 处理下伴矿景天新叶中部及靠近叶缘横切面的 Zn 分布

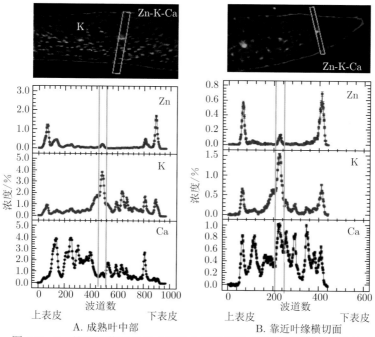

图 4.6 Zn 处理下伴矿景天成熟叶中部及靠近叶缘横切面的 Zn 分布

4.3　重金属交互作用对伴矿景天镉锌富集的影响

土壤环境复杂，污染物往往以多种形式复合存在。Zn 和 Cd 具有相同的核外电子构型和相似的化学性质，往往伴生存在。而土壤性质、植物品种、重金属浓度及环境条件的不同，往往使 Zn 和 Cd 呈现协同作用或拮抗作用。那么 Cd、Zn 的交互作用又会对伴矿景天的生长及 Cd 和 Zn 的吸取修复效率产生何种影响呢？

4.3.1　水培条件下镉锌交互作用对叶片重金属浓度的影响

水培试验结果表明 (图 4.7)，增加溶液中 Zn 和 Cd 的浓度，伴矿景天各组织中 Zn 和 Cd 浓度显著增加，但两个高浓度处理间 (Zn：300 μmol/L 和

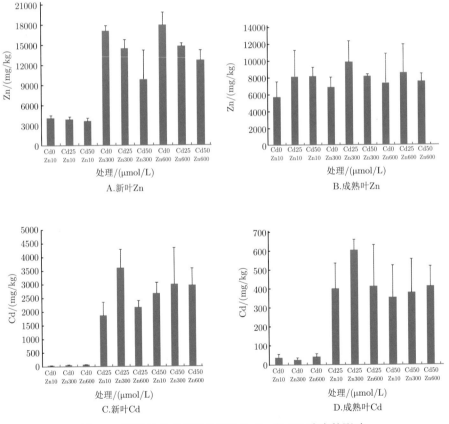

图 4.7　不同处理对伴矿景天叶片 Zn 和 Cd 浓度的影响

600 μmol/L; Cd: 25 μmol/L 和 50 μmol/L) 没有显著差异; Zn 在伴矿景天体内呈不均匀分布且与水培溶液中 Zn 和 Cd 的浓度有关, 当溶液中 Zn 浓度 > Cd 浓度时, 表现为新叶 > 成熟叶 > 其他部位 ≫ 根, 反之则为成熟叶 > 其他部位 > 新叶 ≫ 根; 而 Cd 在伴矿景天不同部位的分布没有一致的规律性。Zn 和 Cd 交互作用主要体现在伴矿景天新叶上: 在溶液中外加 Cd 时, Zn 对伴矿景天新叶中 Cd 浓度具有 "低促高抑" 效应, 而 Cd 处理对新叶中 Zn 浓度具有拮抗效应 (刘芸君等, 2013)。

4.3.2 土培条件下镉锌交互作用对伴矿景天重金属浓度的影响

采集不同污染程度的 4 个土壤, 设其中相对污染程度最低的土壤为 "CK", 另外 3 个土壤依污染程度由低到高依次为 "S1"、"S2" 和 "S3"。取 "S1" 土壤, 分别外加 Zn 1000 mg/kg 和 2000 mg/kg; 取 "S2" 土壤, 分别外加 Cd 16 mg/kg 和 32 mg/kg(表 4.9)。

表 4.9　供试土壤全量镉锌及外加镉锌处理情况　　　　(单位: mg/kg)

土壤	编号	添加前全量		外加		添加后全量	
		Cd	Zn	Cd	Zn	Cd	Zn
X16	CK	0.52	101	0	0	0.52	101
X11	S1	8.73	1067	0	0	8.73	1067
	S1-Zn1	8.73	1067	0	1000	8.73	2067
	S1-Zn2	8.73	1067	0	2000	8.73	3067
15	S2	10.6	3906	0	0	10.6	3906
	S2-Cd1	10.6	3906	16	0	26.6	3906
	S2-Cd2	10.6	3906	32	0	42.6	3906
16	S3	59.6	4444	0	0	59.6	4444

土培试验条件下, S1 土壤外加较低量 Zn(1000 mg/kg) 对伴矿景天生长影响不大, 但外加较高量 Zn(2000 mg/kg) 则抑制其生长; S2 土壤中, 外加 Cd 表现为伴矿景天生物量呈下降趋势。在 S1 污染土壤上添加 Zn 显著增大了伴矿景天地上部 Zn 的浓度, 也促进了伴矿景天对 Cd 的吸收, 但比较 Zn 1000 mg/kg 与 Zn 2000 mg/kg 的添加量对上述效应没有显著差异 (表 4.10); 对锌高镉低的 S2 土壤, 添加 Cd 则表现为随 Cd 添加量的增加伴矿景天体内 Cd 浓度显著升高, 但 Cd 添加量对伴矿景天体内 Zn 的浓度没有显著影响; 在锌镉高污染的 S3 土壤处理中, 伴矿景天体内 Zn 和 Cd 浓度显著低于相近污染程度的土壤外加重金属处理, 表明外加锌镉的有效性高于自然老化过的土壤。所有处理中伴矿景天的锌镉吸收量结果均表现为锌高则镉高、锌低则镉低的规律; 添加 Zn 显著促进了伴矿

景天对 Cd 的吸收，但添加量过大时，由于显著抑制了伴矿景天的生长，Cd 吸收量显著降低；外加 Cd 对伴矿景天 Zn 的吸收有拮抗效应，随土壤外加 Cd 量的增大，Zn 吸收量呈降低趋势 (骆永明等，2015)。

表 4.10　不同锌镉处理对伴矿景天地上部锌镉浓度和吸收量的影响

编号	地上部浓度 /(mg/kg)		地上部吸收量 /(mg/盆)	
	Cd	Zn	Cd	Zn
CK	4.67 ± 2.00	126 ± 84	0.012 ± 0.000	0.33 ± 0.08
S1	34.6 ± 4.0	1138 ± 204	0.156 ± 0.001	5.13 ± 0.40
S1-Zn1	84.8 ± 20.8	5040 ± 635	0.383 ± 0.008	22.8 ± 0.6
S1-Zn2	82.7 ± 6.5	4581 ± 793	0.088 ± 0.001	4.88 ± 0.45
S2	63.4 ± 17.6	3467 ± 586	0.171 ± 0.003	9.34 ± 0.55
S2-Cd1	177 ± 40	3810 ± 866	0.406 ± 0.016	8.74 ± 1.10
S2-Cd2	211 ± 90	3088 ± 1098	0.327 ± 0.029	4.80 ± 0.92
S3	77.4 ± 5.2	2155 ± 276	0.499 ± 0.003	13.9 ± 0.5

第 5 章　农艺措施对伴矿景天生长和重金属吸收的影响

5.1　间套作对伴矿景天生长和重金属吸收的影响

将超积累植物与低积累作物进行间套作，通过适当的农艺调控措施，可以在修复污染土壤的同时收获符合《食品安全国家标准　食品中污染物限量》(GB 2762—2017) 要求的农产品，是一种不需要间断农业生产、较经济合理的利用方法。伴矿景天可以与水稻轮作，也可以与小麦、玉米、高粱、芹菜、茄子等各类作物进行间套作。

5.1.1　伴矿景天与水稻轮作

湖南湘潭伴矿景天与水稻轮作修复示范基地共计 15 亩 (Hu et al., 2019)，伴矿景天生长状况良好，地上部干重在 1.8~5.9 t/hm²，平均为 3.5 t/ hm²；地上部 Cd 浓度在 53.1~94.9 mg/kg，平均为 72.9 mg/kg；地上部 Cd 的吸收量为 169~353 g/hm²，平均为 244 g/hm²。伴矿景天修复前，各地块耕层土壤 Cd 浓度在 0.49~0.71 mg/kg，平均为 0.60 mg/kg；修复一季后，耕层土壤 Cd 浓度降低到 0.32~0.56 mg/kg，平均为 0.47 mg/kg；土壤 Cd 的年去除率在 11.5%~34.7%，平均为 21.8% (图 5.1)。以田块 1 为例，修复一季后，土壤 Cd 含量由 0.64 mg/kg 降低到 0.52 mg/kg，年去除率为 18.8%，继续修复第二季后，土壤 Cd 含量降低到 0.29 mg/kg，累计去除率达到 54.7%。

为进一步验证伴矿景天修复土壤的安全性，选择修复后土壤 Cd 浓度由 0.64 mg/kg 降到 0.29 mg/kg 的田块 1，进行当地主栽水稻品种"三香优 516"和筛选出的 5 个不同 Cd 积累性水稻品种 MY12084、MY12085、MY12086、KC100 和 IRA7190 的种植，并结合钝化剂的施用，评估水稻 Cd 生产的安全性。复合钝化剂施用量为 600 kg/亩，同时设置一个处理不施钝化剂。2015 年 6 月 20 日育苗，10 月收获。表 5.1 展示了伴矿景天修复后土壤上不同品种水稻籽粒的 Cd 吸收情况。当地主栽水稻品种"三香优 516"的糙米 Cd 浓度为 0.66 mg/kg，仍然有风险，施加钝化剂可以保证安全生产。除 IRA7190 外，低积累水稻品种 MY12085

和 MY12086 的糙米中 Cd 浓度均在国家食品安全限值 (GB 2762—2017) 以内。对于低积累水稻品种，施加钝化剂后的糙米中 Cd 浓度并没有显著变化。两个高积累水稻品种 KC100 和 MY12084 糙米 Cd 浓度达到 0.72 mg/kg 和 0.96 mg/kg，施加钝化剂也未能有效降低糙米 Cd 浓度。因此，在经过伴矿景天修复之后达标 (GB 15618—2018，≤ 0.3 mg/kg) 的土壤上种植低积累水稻品种即可安全生产，施加少量钝化剂种植当地主栽水稻品种也可保证安全生产。

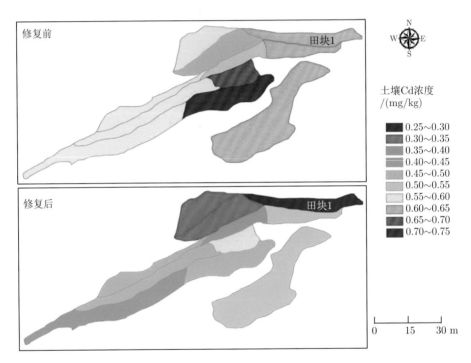

图 5.1　伴矿景天修复前后耕层土壤重金属镉浓度分布

表 5.1　伴矿景天吸取修复后土壤上种植不同品种水稻的糙米镉浓度 (单位：mg/kg)

类型	品种名	未施钝化剂	施钝化剂
主栽杂交稻	三香优 516	0.66 ± 0.07	0.17 ± 0.08
低积累品种	MY12085	0.17 ± 0.01	0.17 ± 0.00
低积累品种	MY12086	0.13 ± 0.01	0.19 ± 0.00
低积累品种	IRA7190	0.24 ± 0.00	0.30 ± 0.00
高积累品种	KC100	0.72 ± 0.04	0.58 ± 0.09
高积累品种	MY12084	0.96 ± 0.11	1.17 ± 0.08

5.1.2 伴矿景天与小麦间作

以黑龙江海伦黑土、河南封丘潮土和浙江嘉兴水稻土等我国粮食主产区典型土壤作为试验用土，供试小麦品种为镇麦 5 号 (赵冰等, 2011)。三种土壤全 Cd 含量分别为 1.47 mg/kg、1.28 mg/kg 和 1.16 mg/kg，全 Zn 含量分别为 79.8 mg/kg、56.7 mg/kg 和 89.9 mg/kg，pH 分别为 6.22、8.32 和 6.76。如表 5.2 所示，三种类型土壤上伴矿景天–小麦间作处理的小麦籽粒中 Zn 和 Cd 浓度均高于小麦单作处理，水稻土、潮土和黑土上间作处理的小麦籽粒 Zn 浓度分别为单作处理的 1.2 倍、1.4 倍和 1.4 倍，Cd 浓度分别为单作处理的 1.7 倍、1.5 倍和 1.9 倍。小麦秸秆中 Zn 和 Cd 浓度也有相同的变化趋势，其中水稻土上籽粒 Zn 浓度和黑土上籽粒 Cd 浓度差异显著。间作种植的伴矿景天地上部分 Zn 和 Cd 浓度均以黑土生长的为最高，与水稻土、潮土上伴矿景天的锌镉浓度差异达到极显著水平。

表 5.2 小麦与伴矿景天地上部锌镉浓度 (单位：mg/kg)

处理		小麦				伴矿景天	
		秸秆		籽粒			
		Zn	Cd	Zn	Cd	Zn	Cd
水稻土	单作	48.5 ± 7.1	0.83 ± 0.14	35.7 ± 4.2	0.53 ± 0.09	—	—
	间作	62.1 ± 7.5	0.99 ± 0.15	42.4 ± 5.2	0.89 ± 0.16	272 ± 53	61.2 ± 16.1
潮土	单作	33.5 ± 6.1	0.36 ± 0.17	20.3 ± 0.6	0.29 ± 0.10	—	—
	间作	35.2 ± 6.4	0.52 ± 0.18	27.7 ± 1.7	0.44 ± 0.12	184 ± 60	52.8 ± 22.5
黑土	单作	41.9 ± 6.1	0.81 ± 0.06	25.6 ± 3.6	0.64 ± 0.16	—	—
	间作	50.0 ± 7.8	1.41 ± 0.23	36.2 ± 2.9	1.24 ± 0.14	561 ± 62	161 ± 34
F 值	土壤类型	5.24	3.35	3.2	1.96	45.5**	22.4**

** 表示 $P<0.01$。

5.1.3 伴矿景天与玉米间作

2018 年，在滇西矿区周边农田开展了伴矿景天与低积累玉米品种间作示范研究 (表 5.3)。间作修复示范区玉米籽粒产量为 (6.48 ± 2.56) t/hm², 略低于玉米单作产量。间作 [(0.021 ± 0.006) mg/kg] 和单作 [(0.020 ± 0.003) mg/kg] 的低积

表 5.3 玉米与伴矿景天间作的地上部生物量与镉锌浓度变化

植物	处理	生物量/(t/hm²)	Zn 浓度/(mg/kg)	Cd 浓度/(mg/kg)
伴矿景天	间作	2.09 ± 0.74	4603 ± 1766	183 ± 58
	单作	1.77 ± 0.96	3711 ± 1302	163 ± 45
玉米籽粒	间作	6.48 ± 2.56	—	0.021 ± 0.006
	单作	8.94 ± 0.71	—	0.020 ± 0.003

累品种玉米籽粒 Cd 浓度无显著性差异,且均低于《食品安全国家标准　食品中污染物限量》(GB 2762—2017) 给出的 Cd 标准 (0.1 mg/kg)。与伴矿景天单作比较,间作条件下的伴矿景天生物量、Cd 和 Zn 浓度略有提高。

5.1.4　伴矿景天与高粱间作

伴矿景天与高粱间作的田间小区试验于浙江杭州郊区进行 (骆永明等, 2015)。与单作相比,间作时的伴矿景天生物量显著下降,仅为单作时的 60.0%,而高粱籽实产量有所增加,达 6088 t/hm^2,但差异不显著。由表 5.4 可知,单作和间作处理间的伴矿景天地上部 Zn 浓度无显著差异,但伴矿景天单作的 Cd 浓度 (76.5 mg/kg) 显著高于间作处理 (40.4 mg/kg)。高粱与伴矿景天间作种植时,高粱籽实 Cd 浓度显著下降,仅为单作时的 50.7%,Cd 浓度均低于《食品安全国家标准　食品中污染物限量》(GB 2762—2017) 的要求。

表 5.4　间作条件下伴矿景天和高粱生物量及镉锌浓度变化

植物	处理	生物量/(t/hm^2)	Zn 浓度/(mg/kg)	Cd 浓度/(mg/kg)
伴矿景天	单作	1384 ± 328	6080 ± 778	76.5 ± 13.5
	间作	830 ± 192	5564 ± 871	40.4 ± 5.1
高粱	单作	4795 ± 587	58.3 ± 16.5	0.14 ± 0.03
	间作	6088 ± 277	43.0 ± 6.9	0.07 ± 0.00

5.1.5　伴矿景天与芹菜间作

供试土壤采自浙江宁波长期施用污泥的菜地,采集表层 0~15 cm 的土壤,风干并过 2 mm 尼龙筛。土壤基本性质为 pH 为 6.7,总 Cd 含量为 0.57 mg/kg,总 Zn 含量为 606 mg/kg,盆栽用芹菜品种为"黄苗实芹"。试验处理包括伴矿景天单作 (Sed)、芹菜单作 (Cel) 和伴矿景天与芹菜间作 (Sed+Cel)。伴矿景天连续收获 5 次 (第一季留茬),芹菜收获 4 次 (骆永明等, 2015)。连续五季,间作处理的伴矿景天和芹菜地上部总生物量是单作处理的 1.57 倍和 1.38 倍。与芹菜间作,伴矿景天地上部 Zn 浓度较单作增加,但差异不显著 (图 5.2)。间作处理的伴矿景天地上部 Cd 浓度并不稳定,第一次和第五次收获的伴矿景天 Cd 浓度高于单作处理,而第二、三、四次收获的 Cd 浓度则低于单作处理。

芹菜地上部 Zn 浓度随收获次数的增加而显著增加,第五次收获时单作与间作处理分别是第一次的 2.36 倍和 2.05 倍 (图 5.3)。单作处理芹菜的地上部 Zn 浓度显著高于间作处理,表明与伴矿景天间作可以显著降低芹菜对 Zn 的吸收。而芹菜地上部 Cd 浓度随着收获次数的增加呈降低趋势,第五次收获的间作处理芹菜地上部 Cd 浓度显著低于单作处理。说明与伴矿景天间作,并未增加芹菜对 Cd 的吸收,同时明显抑制了芹菜对 Zn 的吸收。

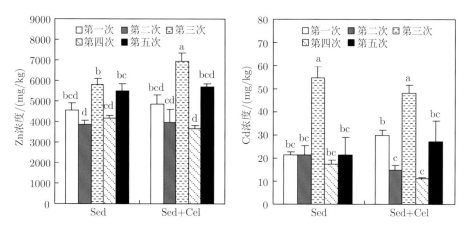

图 5.2 不同处理伴矿景天地上部 Zn 和 Cd 浓度

图中不同字母表示处理间差异显著 ($P < 0.05$)

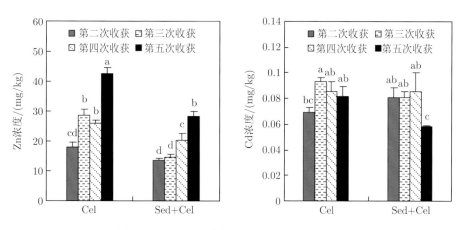

图 5.3 不同处理芹菜地上部 Zn 和 Cd 浓度

5.1.6 伴矿景天与茄子间作

供试土壤采自江苏太仓郊区某蔬菜农田,土壤 Zn 和 Cd 全量分别为 111 mg/kg 和 0.53 mg/kg(骆永明等, 2015)。与单作处理比较,和茄子间作处理的伴矿景天生物量无显著差异，但间作处理的茄子生物量显著下降 (表 5.5)。单作处理的伴矿景天地上部 Zn 和 Cd 浓度分别为 2056 mg/kg 和 124 mg/kg，间作处理下伴矿景天 Zn 和 Cd 浓度较单作分别增加了 54.7% 和 16.9%，即间作增加了伴矿景天对锌镉的吸收。对茄子而言，单作和间作处理间茄子果实的 Zn 浓度无显著差异。单作处理中茄子果实的 Cd 浓度为 0.16 mg/kg，是《食品安全国家标准　食品中污染物限量》(GB 2762—2017) 的 3.2 倍。间作处理的茄子果实 Cd 浓度较单作下降 50%，但仍是标准的 1.6 倍。说明伴矿景天与茄子间作可降低茄子果实对 Cd 的吸收。

表 5.5　伴矿景天与茄子果实生物量及镉锌浓度变化

植物	处理	生物量/(g/株)	Zn 浓度/(mg/kg)	Cd 浓度/(mg/kg)
伴矿景天	单作	0.86	2056	124
	间作	0.82	3181	145
茄子	单作	21.8	1.06	0.16
	间作	15.5	0.95	0.08

5.2　矿质与有机养分调控对伴矿景天生长和重金属吸收的影响

5.2.1　氮磷钾肥调控

施肥是提高土壤肥力和增加农作物产量的重要农艺措施之一，适量的施肥有利于植物的生长。供试土壤采自浙江杭州郊区某冶炼厂粉尘导致的重金属轻度污染农田表层，试验采用四因素三水平正交试验设计，共设 9 个处理 (表 5.6)。施用氮肥是伴矿景天地上部生物量增加的主要影响因素，但不利于其地上部重金属浓度的提高。施用低量磷肥不仅能促进伴矿景天的生长，且对其地上部 Zn 的积累有明显促进作用 (图 5.4)。施钾肥虽不利于伴矿景天地上部生物量的增加，但施用高量钾肥可使地上部 Zn 和 Cd 的浓度及积累量均达到最大值。综合分析，低量氮肥配施磷肥不仅可提高伴矿景天地上部的生物量，而且对 Zn 和 Cd 的积累量有明显的协同作用。增施钾肥能提高伴矿景天体内 Zn 和 Cd 的浓度。因此，$N_1P_1K_2$[200 mg/kg(N)，60 mg/kg(P)，160 mg/kg(K)] 处理为试验中的最佳施肥用量与配比 (沈丽波等，2011)。

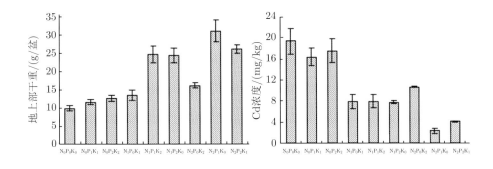

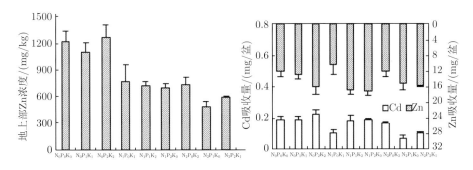

图 5.4 不同施肥处理下伴矿景天生物量、镉锌浓度和吸收量变化

表 5.6 氮磷钾肥料施用量试验 (单位：mg/kg)

处理	N	P	K
$N_0P_0K_0$	0	0	0
$N_0P_1K_1$	0	60	80
$N_0P_2K_2$	0	120	160
$N_1P_0K_1$	200	0	80
$N_1P_1K_2$	200	60	160
$N_1P_2K_0$	200	120	0
$N_2P_0K_2$	400	0	160
$N_2P_1K_0$	400	60	0
$N_2P_2K_1$	400	120	80

5.2.2 氮肥形态调控

水培条件下溶液添加 1 mmol/L NO_3^- 或 NH_4^+，同时添加 30 μmol/L Cd，分别于培养第 6 天和第 21 天后收获植物。结果发现，NO_3^- 处理显著促进了植物生

长和 Cd 吸收，21 天时 NO_3^- 处理的地上部干重是 NH_4^+ 处理的 1.51 倍，其地上部 Cd 浓度是 NH_4^+ 处理的 2.63 倍，而地上部 Cd 累积量是 NH_4^+ 处理的 4.23 倍，达到 1.86 mg/盆 (表 5.7)。与 NH_4^+ 相比，施用 NO_3^- 更有利于提高伴矿景天对 Cd 的吸收 (骆永明等, 2015)。

表 5.7   不同氮素形态水培处理第 6 天和 21 天后伴矿景天干重及 Cd 浓度和累积量

部位	N 形态	干重/(mg/盆)		Cd 浓度/(mg/kg)		Cd 累积量/(mg/盆)	
		6 天	21 天	6 天	21 天	6 天	21 天
地上部	NO_3^-	237 ± 32	504 ± 78	1799 ± 626	3262 ± 852	0.41 ± 0.11	1.86 ± 0.43
	NH_4^+	208 ± 33	333 ± 58	959 ± 187	1241 ± 281	0.20 ± 0.02	0.44 ± 0.08
根	NO_3^-	29 ± 2	64 ± 17	2469 ± 94	3511 ± 517	0.07 ± 0.01	0.22 ± 0.05
	NH_4^+	19 ± 3	34 ± 6	2524 ± 299	2941 ± 537	0.05 ± 0.01	0.10 ± 0.01

进一步通过盆栽试验研究土培条件下不同氮肥形态对伴矿景天生长和镉吸收的影响。供试土壤采自浙江省杭州市富阳区某污染农田，土壤 pH 为 6.47，有机质含量为 35.6 g/kg，全量 Zn 和 Cd 浓度为 223 mg/kg 和 0.80 mg/kg。试验共设 3 个处理，分别为 $N_0P_1K_2$(记为 CK，只施磷钾肥，不施氮肥)、$N_1P_1K_2$-NH_4(记为 NH_4^+-N，施铵态氮肥) 和 $N_1P_1K_2$-NO_3(记为 NO_3^--N，施硝态氮肥)。以上处理 N 的施加量为 200 mg/kg，铵态氮肥用 $(NH_4^+)_2SO_4$，硝态氮肥为 $Ca(NO_3)_2$。本研究结果表明 (图 5.5)，在盆栽条件下施用铵态氮肥有利于促进伴矿景天的生长和生物量的快速增加。铵态氮肥处理下，伴矿景天生物量增长率显著大于其地上部 Zn 和 Cd 浓度的下降幅度，因而总体表现为 Zn 和 Cd 吸收量高于硝态氮肥处理，即施用铵态氮肥更能提高伴矿景天对 Zn 和 Cd 污染土壤的修复效率 (汪洁等, 2014)。

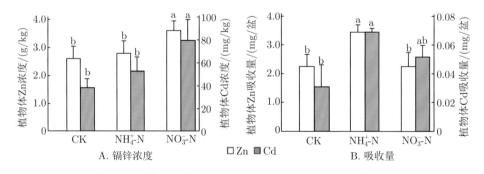

图 5.5   不同氮肥处理对伴矿景天镉锌浓度和吸收量的影响

5.2.3　磷肥调控

选择钙镁磷肥和磷矿粉开展盆栽试验,包括低污染 (全 Cd 含量: 0.85 mg/kg) 和高污染 (全 Cd 含量: 2.27 mg/kg) 两种土壤。钙镁磷肥 (Ca-P) 和磷矿粉 (P-R) 施用量分别为 4 g/kg 和 50 g/kg。试验结果表明,低污染土壤上施用不同磷修复剂能显著增加伴矿景天地上部的生物量,施 50 g/kg 磷矿粉的处理地上部干质量达 20.5 g/盆,是对照的 1.37 倍,效果好于施 4 g/kg 钙镁磷肥的处理 (表 5.8)。与对照比较,施钙镁磷肥和磷矿粉使伴矿景天地上部 Zn 和 Cd 浓度略增加,但差异不显著。添加磷矿粉的处理伴矿景天对 Zn 和 Cd 的吸收量分别为每盆 11.5 mg 和 0.79 mg,比对照增加了 38.6% 和 58.0%;添加钙镁磷肥的处理分别比对照增加了 30.1% 和 36.0%。在重污染土壤上,施用钙镁磷肥后伴矿景天的生物量和 Zn、Cd 吸收量也有增加趋势,但差异并不显著。说明在低污染土壤上施用磷矿粉可显著增加伴矿景天地上部的生物量,其对伴矿景天的生长及提高污染土壤的修复效率好于钙镁磷肥 (沈丽波等,2010)。

表 5.8　伴矿景天生物量及镉锌浓度与吸收量

土壤	处理	干重/(g/盆)	浓度/(mg/kg)		累积量/(mg/盆)	
			Cd	Zn	Cd	Zn
低污染	CK1-2	15.0 ± 0.3	33.4 ± 1.1	553 ± 21	0.50 ± 0.04	8.3 ± 0.4
	Ca-P2	18.6 ± 1.3	36.5 ± 3.5	581 ± 101	0.68 ± 0.10	10.8 ± 1.6
	P-R2	20.5 ± 1.5	38.6 ± 8.9	562 ± 67	0.79 ± 0.15	11.5 ± 0.5
重污染	CK2-2	20.4 ± 3.4	46.6 ± 5.6	1454 ± 488	0.95 ± 0.11	31.8 ± 13.7
	Ca-P4	24.8 ± 3.8	41.0 ± 4.1	1465 ± 252	1.01 ± 0.13	36.3 ± 10.3

5.2.4　硫肥调控

施硫可降低中性镉污染土壤 pH、增加 Cd 的生物有效性,进而提高伴矿景天的修复效率。田间小区试验选择苏南某 Cd 污染农田,pH 为 6.85,全 Cd 含量为 1.33 mg/kg,共设置 0 g/m², 180 g/m²、360 g/m² 和 720 g/m² 四个硫肥处理,然后移栽伴矿景天。本试验最佳施硫量为 360 g/m²,伴矿景天地上部 Cd 浓度为 70.9 mg/kg,耕层土壤全量 Cd 去除率为 19.4%,是对照 (10.5%) 的 1.85 倍 (表 5.9)。硫黄处理土壤为微生物提供了强酸性和底物充足的生长环境,硫黄氧化后期 (150 天) 与硫代谢相关的功能细菌 *Thiomonas* 和 *Rhodanobacter* 含量显著高于自然和对照处理土壤,表明适量添加硫黄是提高中性土壤 Cd 污染植物吸取修复效率的有效措施 (吴广美等,2020)。

表 5.9　不同硫处理对伴矿景天生长和镉吸收及土壤镉去除率的影响

处理/(g/m²)	地上部干重/(g/m²)	地上部 Cd/(mg/kg)	土壤 Cd 去除率/%
0	662 ± 83 a	38.3 ± 4.5 c	10.5 ± 0.5 c
180	727 ± 155 a	49.7 ± 9.3 bc	14.7 ± 1.0 b
360	653 ± 74 a	70.9 ± 6.8 a	19.4 ± 3.8 a
720	530 ± 58 a	51.4 ± 2.6 b	11.4 ± 1.8 bc

5.2.5　有机物料调控

秸秆还田、施用有机肥能提升农田土壤有机质含量，提高土壤肥力；而生物质炭作为良好的土壤改良剂，其持水性和本身高含量的营养元素能够改善土壤质量，提高作物产量。此外，由于其良好的吸附性，生物质炭对污染物有良好的吸附能力。因此生物质炭的添加不仅可以提升土壤质量，提高作物产量，还能修复污染土壤。

1. 有机物料调控对植物吸取修复后土壤镉锌的活化作用

供试土壤采自浙江杭州郊区某重金属污染农田，土壤全量 Cd 和 Zn 含量分别为 15.9 mg/kg 和 1205 mg/kg，土壤 pH 为 7.24。伴矿景天连续修复三季后，土壤全量 Cd 和 Zn 含量分别降为 11.5 mg/kg 和 542 mg/kg。将水稻秸秆、三叶草粉按 1% 施用量添加到修复三季后的土壤中，然后继续种植伴矿景天，共有连续修复土壤对照、施三叶草粉和施水稻秸秆粉三个处理。如表 5.10 所示，收获时伴矿景天地上部生物量和 Zn 浓度无显著差异，而地上部 Cd 的浓度依次为水稻秸秆 > 三叶草 > 对照，即施用有机添加剂能显著提高伴矿景天地上部的 Cd 浓度 (Wu et al., 2012)。

表 5.10　伴矿景天生物量和镉锌浓度

处理	干重/(g/盆)	Cd/(mg/kg)	Zn/(mg/kg)
对照	0.73± 0.15	125± 35	2537± 260
三叶草	0.68± 0.12	339± 90	2464± 340
水稻秸秆	0.75± 0.13	365± 71	2200± 230

2. 有机物料调控对碱性污染土壤上植物生长和土壤镉锌的活化作用

选择河南省西北部的碱性潮土开展盆栽试验,土壤 pH 为 8.08,全量 Cd 和 Zn 含量为 2.00 mg/kg 和 87.7 mg/kg。该地区土壤存在有机质水平低和板结的问题,通过添加 2% 有机肥、1% 珍珠岩和 1% 蛭石对土壤进行改良,然后种植伴矿景天。如表 5.11 所示,改良后土壤的伴矿景天地上部生物量显著增加了 70.3%。与对照处理比较,改良后土壤的伴矿景天地上部 Cd 和 Zn 吸收量分别显著增加 115% 和 151%,重金属吸收量的增加也主要与生物量的增加有关,因为地上部的 Cd 和 Zn 浓度同样也无显著性差异 (Zhou et al., 2018c)。

表 5.11 不同处理对伴矿景天地上部生物量和镉锌浓度与吸收量的影响

处理	生物量/(g/盆)	浓度/(mg/kg)		吸收量/(mg/盆)	
		Cd	Zn	Cd	Zn
对照	3.98 ± 1.03	19.2 ± 2.6	88.1 ± 16.5	0.07 ± 0.01	0.35 ± 0.09
改良	6.78 ± 1.60	24.5 ± 5.7	131 ± 21	0.16 ± 0.02	0.87 ± 0.12

3. 有机物料调控对酸性污染土壤上植物生长和土壤镉的活化作用

选择从广东省 (GD) 和浙江省 (ZJ) 长期重金属污染稻田采集的土壤开展盆栽试验,土壤 pH 分别为 5.52 和 5.55,全量 Cd 含量分别为 3.93 mg/kg 和 4.91 mg/kg。盆栽试验设置 4 个处理,分别为对照 (CK) 即原土,未加任何处理;水稻秸秆添加处理 (RS,1%);种植伴矿景天处理 (P);秸秆添加 + 种植伴矿景天处理 (RS+P)。连续种植四季。如表 5.12 所示,与单种伴矿景天处理 (P) 比较,配合秸秆添加 (RS+P) 处理的 GD 土壤上连续四季的伴矿景天地上部生物量总和显著增加了 10.4%,但生物量增加的效应主要发生在第一季和第二季。由于同一个处理下 4 个重复间的标准差较大,ZJ 土壤上 P 和 RS+P 处理间连续四个生长季的伴矿景天地上部生物量无显著性差异。第一个生长季内,与 P 处理比较,RS+P 处理下的 GD 和 ZJ 土壤上伴矿景天地上部 Cd 浓度分别显著增加了 20.2% 和 19.0%,伴矿景天地上部 Cd 吸取量则分别显著增加了 62.45% 和 38.1%。在第二季、第三季和第四季中,伴矿景天地上部 Cd 浓度和吸取量在 P 和 RS+P 处理间均无显著性差异。连续四个生长季结束后,GD 和 ZJ 土壤上 RS+P 处理下伴矿景天地上部 Cd 的累积吸取量较 P 处理分别显著增加了 20.7% 和 14.3% (Zhou et al., 2018b)。

表 5.12　连续四季伴矿景天地上部生物量干重及 **Cd** 浓度和吸取量的变化

地点	生长季	生物量/(g/盆)		Cd 浓度/(mg/kg)		Cd 吸取量/(mg/盆)	
		P	RS + P	P	RS + P	P	RS + P
GD	1	8.15 ± 0.63	11.0 ± 0.6	257 ± 17	308 ± 26	2.09 ± 0.19	3.39 ± 0.15
	2	10.1 ± 1.1	12.0 ± 0.2	178 ± 30	175 ± 33	1.78 ± 0.12	2.09 ± 0.36
	3	11.8 ± 1.7	13.0 ± 0.9	124 ± 15	98.7 ± 10.9	1.45 ± 0.20	1.29 ± 0.22
	4	11.4 ⊥ 1.9	9.77 ± 1.4	50.1 ± 9.8	36.3 ± 7 1	0.58 ± 0.20	0.35 ± 0.05
	总和	41.5 ± 2.7	45.8 ± 0.9	—	—	5.90 ± 0.25	7.12 ± 0.45
ZJ	1	9.31 ± 1.16	10.8 ± 1.1	394 ± 19	469 ± 19	3.67 ± 0.50	5.07 ± 0.40
	2	7.41 ± 0.61	8.79 ± 1.72	257 ± 10	212 ± 47	1.91 ± 0.20	1.83 ± 0.27
	3	12.4 ± 2.2	13.2 ± 0.6	160 ± 32	136 ± 15	1.94 ± 0.08	1.80 ± 0.22
	4	12.0 ± 2.6	13.2 ± 2.0	56.7 ± 20.7	50.4 ± 10.9	0.67 ± 0.26	0.67 ± 0.19
	总和	41.2 ± 3.0	46.0 ± 3.1	—	—	8.19 ± 0.54	9.36 ± 0.64

5.2.6　伴矿景天–水稻轮作体系的综合调控

超积累植物与农作物轮作或间套作是实现重金属污染土壤"边生产、边修复"的重要方式。如何提高 Cd 污染农田植物吸取修复效率,同时在修复完成前保障农产品安全生产,是当前土壤修复领域面临的一个技术难题。

1. 稻季磷锌处理对水稻和伴矿景天镉锌吸收的影响

选择湖南湘潭伴矿景天连续吸取修复三季后的农田土壤开展盆栽试验,土壤全量 Cd 和 Zn 含量已从 0.64 mg/kg 和 95 mg/kg 下降至 0.28 mg/kg 和 73 mg/kg,土壤 pH 为 4.63。盆栽试验包括对照 (CK)、低磷 (P200:200 mg/kg)、高磷 (P400:400 mg/kg)、低锌 (Zn10:10 mg/kg) 和高锌 (Zn20:20 mg/kg) 5 个处理,然后开展水稻和伴矿景天的轮作,探讨稻季增施 P 和 Zn 对水稻生长和重金属吸收以及对后茬伴矿景天吸收重金属的影响。结果表明,在镉污染酸性红壤上,稻季增施 P(200 mg/kg 和 400 mg/kg) 和 Zn(10 mg/kg 和 20 mg/kg) 显著提高了稻季土壤 P 和 Zn 的有效性,增加了水稻秸秆和籽粒对 P 和 Zn 元素的吸收和积累,同时对稻季土壤有效态 Cd 也产生一定影响,虽然对水稻秸秆 Cd 浓度没有产生显著影响,但显著降低了 Cd 从水稻秸秆向籽粒的转运,进而降低了稻米 Cd 浓度,有利于稻米的安全生产 (表 5.13)。稻季 P 和 Zn 处理对后茬土壤 Cd 有效性影响不显著,对伴矿景天生长和 Cd 吸收也没有产生显著影响

(表 5.14)。因此，稻季适当增施磷肥和锌肥，可作为镉污染土壤水稻与伴矿景天轮作"边生产、边修复"的调控手段 (曹艳艳等，2018)。

表 5.13　磷锌处理对水稻生长和元素吸收的影响

处理	生物量/(g/盆)		秸秆/(mg/kg)			籽粒/(mg/kg)		
	秸秆	籽粒	Cd	Zn	P	Cd	Zn	P
CK	12.2±1.1a	12.9±2.9a	1.18±0.34a	153±29c	0.06±0.02d	0.21±0.01a	26.1±3.8b	1.22±0.17ab
P200	13.0±0.5a	13.4±0.7a	1.23±0.36a	159±22c	0.14±0.02c	0.21±0.02a	25.7±1.3b	1.27±0.23ab
P400	13.0±1.5a	14.8±1.3a	1.21±0.14a	133±14c	0.32±0.02a	0.18±0.01ab	25.6±0.3b	1.51±0.10a
Zn10	12.7±0.5a	13.5±1.0a	1.29±0.07a	195±8b	0.18±0.01bc	0.16±0.04b	27.4±0.4ab	1.17±0.14b
Zn20	12.3±0.9a	13.7±1.4a	1.23±0.12a	235±22a	0.20±0.04b	0.15±0.03b	30.0±0.9a	0.84±0.14c

表 5.14　稻季磷锌处理对后茬土壤及伴矿景天生物量和元素吸收的影响

处理	土壤/(mg/kg)			伴矿景天地上部		
	速效 P	CaCl$_2$-Cd	CaCl$_2$-Zn	干重/(g/盆)	Cd/(mg/kg)	Zn/(mg/kg)
CK	0.689±0.004b	0.12±0.03a	3.22±0.34c	8.16±0.18a	44.07±7.00a	3029±376c
P200	0.701±0.005ab	0.13±0.03a	3.19±0.43c	8.15±0.09a	51.16±10.09a	3276±522bc
P400	0.715±0.007a	0.10±0.01a	2.24±0.23d	8.06±0.04a	53.50±8.16a	2621±326c
Zn10	0.686±0.003b	0.11±0.02a	6.12±0.50b	8.18±0.17a	54.97±16.17a	3779±202b
Zn20	0.696±0.011b	0.14±0.01a	10.39±0.84a	8.17±0.08a	43.91±12.56a	5717±612a

2. 施硫结合水分管理对水稻和伴矿景天镉吸收的影响

选取碱性紫色土和中性水稻土两种 Cd 污染土壤，土壤 pH 分别为 8.0 和 6.5，全 Cd 含量分别为 4.44 mg/kg 和 1.33 mg/kg。两种土壤均设置添加 0 g/kg、0.5 g/kg、1 g/kg、2 g/kg、4 g/kg 硫黄处理，然后进行伴矿景天旱作和水稻淹水盆栽试验，监测土壤 pH、Eh、SO$_4^{2-}$、Cd、Fe、Mn 等的动态变化，以及植物生长和元素吸收情况。研究结果表明，伴矿景天季旱作硫氧化显著降低了土壤 pH，增加了水溶性 SO$_4^{2-}$、Cd、Fe、Mn 的浓度；稻季淹水土壤 Eh 迅速降低，pH 总体趋于中性，硫处理水溶性 SO$_4^{2-}$ 和 Cd 浓度快速降低并在水稻生长中后期与对照接近 (图 5.6)。硫处理使伴矿景天地上部 Cd 浓度提高 2~5 倍，有效提升了土壤 Cd 去除效率，同时适量的硫处理使碱性和中性土壤稻米 Cd 浓度最高值降低了 61% 和 72% (表 5.15)；但过量硫处理可能使土壤过度酸化而抑制伴矿景天生长，也增加后茬稻米 Cd 超标风险。因此，中碱性 Cd 污染土壤伴矿景天–水稻轮作体系，配合适当硫处理和水分管理，可以提高土壤 Cd 去除率，同时降低稻米 Cd 吸收量 (Wu et al., 2019)。

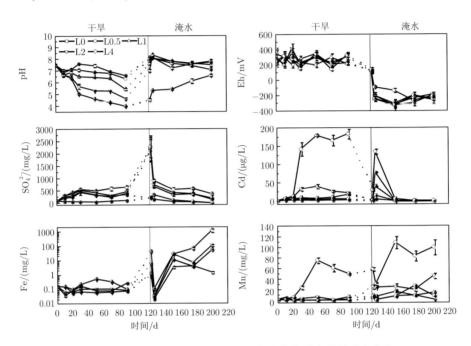

图 5.6   不同硫剂量和水分处理土壤溶液化学参数的动态变化

表 5.15   硫和水分处理对紫色土上伴矿景天和后茬水稻生长与镉吸收的影响

硫添加量/(g/kg)	伴矿景天 (旱作)			水稻 (淹水)	
	干重/(g/盆)	Cd/(mg/kg)	Cd 去除率/%	籽粒干重/(g/盆)	Cd/(mg/kg)
0.0	10.3 a	25.5 d	4.03 c	11.2 b	40.9 a
0.5	8.79ab	44.3 c	6.44 b	12.2 ab	19.8 b
1.0	8.49 ab	54.7 c	7.15 b	12.0 ab	16.1 b
2.0	8.95 ab	106 b	14.6 a	13.6 ab	20.1 b
4.0	7.43 b	139 a	15.8 a	14.6 a	28.8 ab

综合上述研究，可形成 Cd 污染土壤"伴矿景天–低积累水稻轮作 + 调控"综合技术模式，即冬季休耕时种植超积累植物伴矿景天，夏季种植低积累水稻品种，水稻季增施磷锌肥，同时延长淹水时间，以减少稻米 Cd 的积累；伴矿景天季

则增施硫肥且旱作，提高土壤 Cd 的有效性，进而增加伴矿景天对 Cd 的去除率 (图 5.7)。中轻度 Cd 污染土壤，通过 2~3 年轮作种植，可以在保证稻米达标生产的同时，使土壤 Cd 总量降低到安全水平，实现真正的"边生产、边修复"和"绿色、彻底"修复。

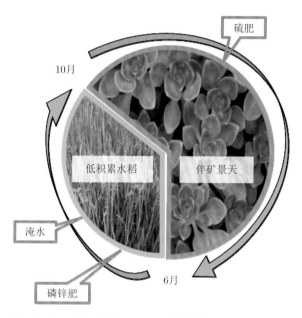

图 5.7 镉污染土壤"伴矿景天–低积累水稻轮作 + 调控"综合技术模式

5.3 水分调控对伴矿景天生长和重金属吸收的影响

适宜的水分有利于增加修复植物的生物量，从而增加植物提取的重金属量。供试土壤为采自浙江杭州郊区的湿润黏化富铁土，土壤 pH(H_2O) 为 7.98，有机碳含量为 21.3 g/kg，阳离子交换量 (CEC) 为 12.0 cmol/kg，全量 Zn 和 Cd 浓度为 1489 mg/kg 和 2.12 mg/kg (崔立强等, 2009)。盆栽试验共设 4 个处理 (图 5.8)，分别为：①土壤含水量为最大田间持水量的 35% (35% WHC)；②土壤含水量为最大田间持水量的 70% (70% WHC)；③饱和水分处理 (100% WHC)；④保持土面有 2 cm 的水层，模拟水稻田间水分，定期落干 (晒田)。

结果表明，在 70% WHC 处理下，伴矿景天生长最好，其地上部鲜重显著高于其他处理；70% WHC 处理下，伴矿景天对重金属吸收能力最强，其茎中 Zn

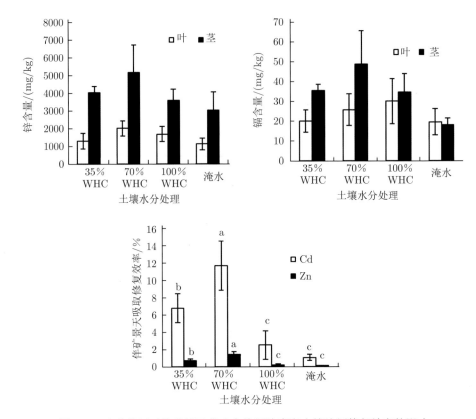

图 5.8　水分特征对伴矿景天茎叶中锌镉浓度和土壤锌镉修复效率的影响

的浓度显著高于其他处理，茎中 Cd 的浓度分别比 35% WHC、100% WHC、淹水处理高 27.1%、29.0%、63.1%；叶中的 Zn 浓度表现出与茎中相同的趋势，但叶中 Cd 的浓度与茎中不同，以 100% WHC 处理最高。70% WHC 处理下，植物提取 Zn、Cd 的效率最高，其修复效率均显著高于其他处理。这些结果表明，土壤水分状况在土壤重金属污染伴矿景天植物吸取修复中起着重要作用。

5.4　光照强度变化对伴矿景天生长和重金属吸收的影响

为探明伴矿景天生长适宜的光照条件、光照强度对其生物量与 Zn、Cd 浓度的影响及可能的光合作用响应机制，设置不同光照强度试验。

5.4.1 光照强度变化的盆栽试验

盆栽试验一设 5 个不同的光照强度：①100％ 光照 (G-CK)，②31.2％ 光照 (G-L1，一层遮阳网)，③10.0％ 光照 (G-L2，两层遮阳网)，④3.14％ 光照 (G-L3，三层遮阳网)，⑤1.00％ 光照 (G-L4，四层遮阳网)。试验在中国科学院南京土壤研究所光照培养室进行，全光照时光强为 300 μmol/(m²·s)，恒温 25℃，光照/黑暗时间为 14 h/10 h，空气相对湿度 70％。试验一在光照培养室中进行，为人工光源，而 5~6 月的晴天南京室外自然光强约为 1500 μmol/(m²·s)，光照培养室光强远低于室外自然光。

因此，根据试验一的研究结果，盆栽试验二采用了网孔密度较稀的遮阳网，在无障碍物遮挡的楼顶空地上进行。试验仍然设 5 个处理：①100％ 自然光照 (N-CK)，②70％ 光照 (N-L1)，③60％ 光照 (N-L2)，④50％ 光照 (N-L3)，⑤30％ 光照 (N-L4)(李娜等, 2010)。

在光照培养室中 (试验一)，伴矿景天生物量随光照强度的减弱急剧下降 (图 5.9A)。与对照相比，G-L1 处理伴矿景天生物量下降了 51.8％。随光照强度的进一步减弱，生物量迅速降低。G-L3 处理伴矿景天生物量仅为对照的 3.47％，而 G-L4 处理伴矿景天生物量与移栽时相比没有显著增加，植株细小瘦弱。表明在该试验条件下，光照强度低于 30％ 全光照时，光照条件已不利于伴矿景天进行光合作用以积累干物质。在室外自然光条件下 (试验二)，伴矿景天生物量也表现出随光强的减弱逐渐降低的趋势 (图 5.9B)。未遮阴的对照 (N-CK) 处理伴矿景天生长旺盛，分枝和叶片数目多。随光照强度的减弱,伴矿景天分枝减少,但叶面积

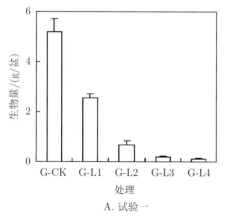

A. 试验一

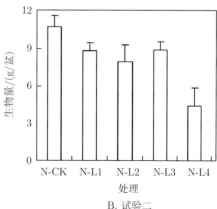

B. 试验二

图 5.9　光照强度对伴矿景天生物量的影响

增加，以保障弱光下获得更多的光能。与 N-CK 相比，N-L1 处理伴矿景天生物量下降了 18.0%，N-L1、N-L2 和 N-L3 处理之间生物量无显著差异。N-L4 处理的伴矿景天生物量下降了 59.1%，与试验一 G-L1 处理的生物量下降规律相似。这说明遮阴程度达 70% 以上时伴矿景天的生长受到光照强度的严重影响，干物质的积累急剧下降。

在光照培养室条件下 (试验一)，伴矿景天地上部重金属浓度随光照强度减弱而逐渐增大 (表 5.16)。全光照 (G-CK) 处理伴矿景天地上部 Cd 浓度显著低于 G-L1 和 G-L2 处理，与 G-L3、G-L4 处理则无显著差异，对照处理伴矿景天 Zn 浓度也低于其他光照强度处理。通过计算伴矿景天地上部重金属吸收量可知，随光照强度的减弱，Cd 积累量分别下降了 37.8%、84.2%、96.1% 和 97.7%，Zn 积累量分别下降了 42.4%、85.9%、96.0% 和 97.4%。由此可见，光照强度减弱时，在光照室条件下即使伴矿景天地上部重金属浓度提高，但生物量的急剧下降仍会导致植物重金属积累量显著下降。室外的试验二结果显示，与对照 (N-CK) 相比，光照强度减弱，N-L1、N-L2 和 N-L3 处理的伴矿景天地上部 Cd 和 Zn 浓度均略有上升，N-L4 处理的伴矿景天地上部 Cd 和 Zn 浓度略降，但各处理之间重金属浓度差异不显著。除 N-L4 处理的伴矿景天地上部重金属吸收量显著降低外，其他各处理无显著差异，并未如试验一出现吸取量急剧下降的现象，说明在自然光照条件下，光照强度一定程度的减弱并不会影响伴矿景天对锌镉的吸收和吸取修复效率。

表 5.16　光照强度对伴矿景天地上部 Cd、Zn 浓度及吸取量的影响

试验	处理	浓度/(mg/kg)		吸取量/(mg/盆)	
		Cd	Zn	Cd	Zn
一 (光照室)	G-CK	432 ± 15	17570 ± 400	2.01 ± 0.23	81.7 ± 8.9
	G-L1	558 ± 63	20930 ± 1050	1.25 ± 0.11	47.1 ± 2.9
	G-L2	541 ± 80	19300 ± 980	0.318 ± 0.031	11.5 ± 2.2
	G-L3	529 ± 109	23520 ± 3640	0.078 ± 0.011	3.25 ± 0.46
	G-L4	378 ± 47	21440 ± 2430	0.045 ± 0.004	2.14 ± 0.66
二 (自然光)	N-CK	25.5 ± 2.7	1830 ± 245	0.253 ± 0.033	18.2 ± 2.9
	N-L1	28.0 ± 1.3	1916 ± 231	0.234 ± 0.016	16.6 ± 1.8
	N-L2	27.7 ± 6.7	2210 ± 391	0.244 ± 0.016	18.9 ± 0.3
	N-L3	29.3 ± 6.6	2077 ± 415	0.248 ± 0.040	17.7 ± 3.3
	N-L4	24.0 ± 6.6	1563 ± 406	0.071 ± 0.022	4.69 ± 1.60

5.4.2 遮阴处理的田间试验

在滇西地区选择露天、露天 + 遮阴和塑料大棚三种不同的生长环境，测定伴矿景天的生长特性，其中塑料大棚内部特别添加一层遮阳网。2017 年 8 月 30 日和 31 日，采用光照强度测试仪分两次对遮阳网和塑料大棚下的光照强度进行测定。遮阴对光照强度有显著降低作用，露天遮阴种植模式下，不同时间段的遮阴率范围为 63.8% ~77.0% 和 61.1% ~74.9%，塑料大棚中遮阴率范围为 80.8% ~90.1% 和 77.7% ~90.0%。不同生长环境下，伴矿景天的生长与地上部 Cd 和 Zn 的浓度存在较大的差异 (表 5.17)。塑料大棚、露天遮阴和露天条件下伴矿景天地上部干重分别为 3.21 t/hm²、4.93 t/hm² 和 4.66 t/hm²。伴矿景天单株分枝数由大到小的顺序为露天遮阴 > 露天 > 塑料大棚。塑料大棚内伴矿景天的 Cd 和 Zn 浓度显著高于露天和露天遮阴。露天和露天遮阴的伴矿景天 Cd 和 Zn 浓度无显著性差异。不同生长条件下，伴矿景天地上部的 Cd 和 Zn 吸取量无显著差异，可能与不同地块土壤重金属浓度的差异有关。

表 5.17 不同生长环境伴矿景天地上部干重及重金属浓度

生长条件	生物量 /(t/hm²)	分枝数 /个	浓度/(mg/kg)		吸取量/(kg/hm²)	
			Cd	Zn	Cd	Zn
塑料大棚	3.21	7.67	203±62	6429±2229	0.65±0.20	20.6±7.1
露天遮阴	4.93	25.7	145±17	4004±439	0.71±0.08	19.7±2.2
露天	4.66	16.0	133±36	3942±1051	0.62±0.17	18.4±4.9

5.5 种植密度对伴矿景天生长和重金属吸收的影响

不同种植密度可能导致伴矿景天地上部产量存在差异，从而造成地上部重金属吸取量的差别，如何选择最优种植密度使植物地上部重金属吸取量达到最大，提高植物修复效率，是亟待解决的问题。

试验地位于浙江杭州郊区的农田，土壤 pH 为 7.24，全量 Cd 和 Zn 浓度分别为 3.04 mg/kg 和 1299 mg/kg。小区试验设 4 个种植密度处理：株距分别为 30 cm × 30 cm，即 11.1 万株/hm²(D11)；20 cm × 20 cm，即 25 万株/hm²(D25)；15 cm × 15 cm，即 44 万株/hm²(D44)；10 cm × 10 cm，即 100 万株/hm²(D100)。不同种植密度对伴矿景天地上部生长有显著的影响 (图 5.10)。适度增大种植密度可促进伴矿景天的生长，显著提高其地上部的生物量，但过分密植 (> 44 万株/hm²) 对植物地上部增产无显著贡献。种植密度由低到高，植物地上部 Cd 浓度依次为

46.6 mg/kg、47.0 mg/kg、52.6 mg/kg 和 56.2 mg/kg，即种植密度变化对伴矿景天地上部 Cd 浓度没有显著影响。D11 密度条件下，伴矿景天地上部 Zn 浓度最低 (2968 mg/kg)，这可能与较低密度下单株生物量大而造成的"稀释效应"有关。种植密度由 11 万株/hm² 上升到 44 万株/hm² 时，伴矿景天地上部 Cd 和 Zn 吸取量显著上升，分别由 0.21 kg/hm² 上升至 0.63 kg/hm²、13.2 kg/hm² 上升至 58.7 kg/hm²；但种植密度从 44 万株/hm² 增大到 100 万株/hm² 时，植物地上部重金属吸取量并无显著提高。伴矿景天种植密度为 44 万株/hm² 时，在污染土壤上种植一年，镉锌的修复效率分别达 21.1% 和 4.60%，表明选择适宜的密度种植伴矿景天有利于增加植物地上部的 Cd 和 Zn 吸取量，缩短修复时限 (刘玲等，2009)。

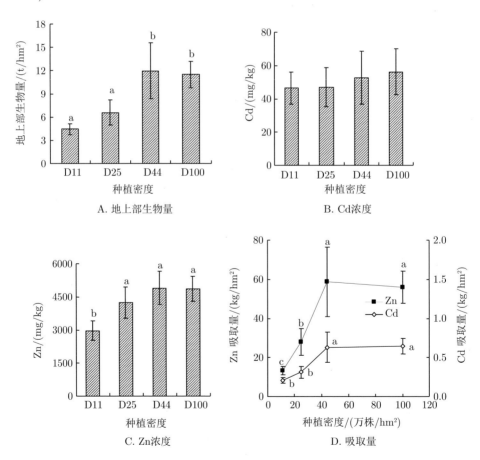

图 5.10　不同种植密度下伴矿景天地上部生物量、镉锌浓度和吸取量

5.6 土壤紧实度对伴矿景天生长和重金属吸收的影响

农业机械化的大面积推广提高了工作效率，但重型机械在田间的行驶和作业会对土壤产生碾压作用，导致土壤的机械压实。除了需要适宜的水肥条件外，植物正常生长还必须有合适的土壤容重、紧实度和结构性，土壤容重或紧实度过高会造成植株生长发育不良，严重时会降低产量。

选择从浙江台州 (黏土)、江西上饶 (壤黏土) 和福建龙岩 (砂质壤土) 采集的三种受重金属污染的耕层水稻土，开展盆栽试验。土壤 pH 分别为 5.21、5.10 和 5.05，全 Cd 含量为 1.33 mg/kg、1.24 mg/kg 和 0.75 mg/kg，全 Zn 含量为 144 mg/kg、749 mg/kg 和 147 mg/kg。每种质地类型土壤分别设置无压实、低紧实度和高紧实度三个处理。不同土壤类型中，与无压实处理比较，砂质壤土、壤黏土和黏土中伴矿景天生物量在低紧实度下分别显著下降 66.8%、60.4% 和 57.9%，高紧实度下分别显著下降 83.5%、59.9% 和 71.4% (图 5.11A)。与壤黏土和黏土比较，砂质壤土中伴矿景天地上部生物量在紧实度条件下的降低量较大。但与低紧实处理比较，不同土壤类型中高紧实度条件下的地上部生物量无显著性差异。与无压实处理比较，根系活力在高紧实度处理条件下，砂质壤土、壤黏土、黏土中分别增加了 217%、241% 和 142% (图 5.11B)。三种土壤中，低紧实度处理仅显著提高了砂质壤土中的根系活力，增加率为 135% (王丽丽等, 2017)。

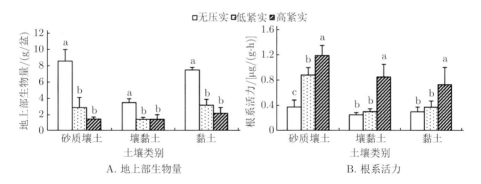

图 5.11 不同土壤紧实度下伴矿景天地上部生物量和根系活力

砂质壤土和黏土中，不同紧实度处理对伴矿景天地上部 Cd(图 5.12A) 和 Zn(图 5.12B) 含量无显著性影响。与无压实处理比较，高紧实度处理显著降低了壤黏土上伴矿景天地上部 Cd(35.6%) 和 Zn(45.2%) 的浓度。与无压实处理比较，砂质壤土、壤黏土和黏土上伴矿景天地上部 Cd 吸收量在低紧实度处理下显著下降了 50.4%、61.4% 和 43.4%，高紧实度处理下显著下降了 73.8%、74.9% 和 63.3%(图 5.12C)；砂质壤土、壤黏土和黏土上伴矿景天地上部 Zn 吸收量则在低紧实度处理下显著下降了 48.7%、73.6% 和 46.1%，高紧实度处理下显著下降了 79.5%、79.0% 和 63.5%(图 5.12D)。不同土壤类型中，高紧实度和低紧实度处理间的伴矿景天 Cd 和 Zn 吸取量差异较小。综上，较高的土壤紧实度可显著降低伴矿景天地上部的 Cd 和 Zn 吸取量，且在壤黏土中的处理效果更为明显。

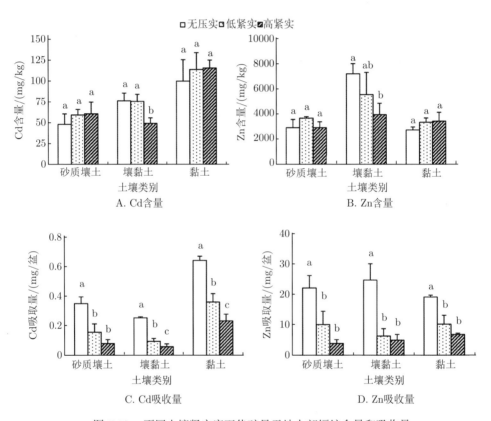

图 5.12 不同土壤紧实度下伴矿景天地上部镉锌含量和吸收量

5.7 收获方式对伴矿景天生长和重金属吸收的影响

通过盆栽试验研究不同收获方式下伴矿景天的生长情况和重金属吸收性，以期探明伴矿景天的适宜收获方式，从而提高植物修复效率，为伴矿景天的实际应用提供依据。试验设置 4 种不同的收获方式：① 留茬 1 cm，② 留茬 3 cm，

③ 留茬 5 cm，④ 每次收获后重新移栽伴矿景天 (重新移栽)。刈割时留茬植株保留残余茎段上的枝叶，继续生长 (李娜等，2009)。

第一次收获时，各处理伴矿景天长势一致，重新移栽处理收获的生物量最大，其次是留茬 1 cm 处理，留茬 5 cm 处理收获的生物量最小 (表 5.18)。第二次收获时，留茬 3 cm 处理和留茬 5 cm 处理收获的生物量显著大于重新移栽处理，留茬 3 cm 处理是重新移栽处理的 1.55 倍。从两次收获的生物量来看，留茬 3 cm 处理和留茬 5 cm 处理之间无显著差异，表明两种留茬高度对伴矿景天的收获量影响不大。从修复效率角度考虑，即获得更多的生物量，则以留茬 3 cm 的收割方式更为合适，因此第二次收获后，未进行留茬 5 cm 处理。第三次收获时，留茬 3 cm 处理的生物量是重新移栽处理的 1.79 倍。第四次收获时，留茬植株的分枝数目进一步增加，叶片也随之增加，但枝条变细，叶片变小，因此留茬 3 cm 处理和重新移栽处理之间生物量差异并不明显。但是随着收割次数的增加，这种优势逐渐消失，留茬和重新移栽两种不同的收获方式对伴矿景天的生物量影响不显著。

表 5.18 不同收获方式对生物量的影响 (单位：g/盆)

收获次数	植株部位	留茬 1 cm	留茬 3 cm	留茬 5 cm	重新移栽
第一次	叶	10.3 ± 1.1	10.5 ± 0.9	9.27 ± 0.88	10.6 ± 0.7
	茎	4.49 ± 0.55	3.94 ± 1.01	3.84 ± 0.83	5.63 ± 1.28
第二次	叶	—	9.12 ± 1.35	10.0 ± 1.3	6.11 ± 1.08
	茎	—	3.08 ± 1.01	1.97 ± 0.55	1.78 ± 0.35
第三次	叶	—	16.1 ± 2.5	—	7.63 ± 1.65
	茎	—	4.95 ± 0.74	—	4.14 ± 0.79
第四次	叶	—	9.35 ± 1.36	—	9.90 ± 1.59
	茎	—	3.85 ± 1.23	—	3.29 ± 0.49
总计		—	62.1 ± 5.1	—	49.8 ± 3.9

第一次收获时除留茬 5 cm 处理叶片 Cd 浓度显著低于其他处理外，各处理叶片 Cd 浓度差异不显著；不同留茬高度处理之间，茎中 Cd 浓度差异不显著，重新移栽处理略高于其他处理。第二次和第三次收获时，重新移栽处理的叶片和茎中 Cd 浓度均显著高于留茬处理，而不同留茬高度处理之间没有明显差异。第二次收获时，重新移栽处理叶片 Cd 浓度为留茬 3 cm 处理的 2.18 倍，第三次收获时为 1.60 倍。但第四次收获时，两处理之间各部位 Cd 浓度差异均不明显 (表 5.19)。伴矿景天 Zn 浓度变化规律与 Cd 相似。

表 5.19　不同收获方式对伴矿景天镉和锌浓度的影响

收获次数	植株部位	留茬 1cm		留茬 3cm		留茬 5cm		重新移栽	
		Cd/(mg/kg)	Zn/(g/kg)	Cd/(mg/kg)	Zn/(g/kg)	Cd/(mg/kg)	Zn/(g/kg)	Cd(mg/kg)	Zn/(g/kg)
第一次	叶	260±46	11.1±1.6	258±25	12.9±3.7	197±20	9.28±1.60	262±65	11.0±1.6
	茎	355±44	15.6±5.4	424±61	19.4±2.3	407±70	12.7±1.1	452±39	13.5±1.7
第二次	叶	—	—	207±69	9.43±3.48	180±61	10.9±7.2	451±127	13.6±0.9
	茎	—	—	438±213	19.8±3.8	498±218	21 8+6.4	777+275	25.2±4.3
第三次	叶	—	—	198±46	13.2±1.8	—	—	320±47	15.2±2.0
	茎	—	—	229±62	21.3±2.7	—	—	368±56	25.5±3.4
第四次	叶	—	—	123±34	12.3±3.2	—	—	116±22	14.2±1.5
	茎	—	—	185±15	16.8±3.6	—	—	154±46	21.5±4.5

　　第一次收获时，各处理的 Cd 积累量不同，其中重新移栽处理收获部分积累量最高，留茬 5 cm 处理最低，留茬 1 cm 处理与留茬 3 cm 处理之间无显著差异(表 5.20)；其他收获时间，尽管不同收获方式之间生物量和重金属浓度可能存在显著差异，但不同收获方式对 Cd 积累量无显著差异。对 Zn 而言，第一次收获时，留茬 5 cm 处理的 Zn 浓度也是最低的，其余各处理间无显著差异。第三次收获时，重新移栽处理 Zn 积累量显著低于留茬 3 cm 处理；其他收获时间，各处理差异均不显著。此外，留茬 3 cm 处理收获四次从土壤中吸收移出 Cd、Zn 的总量分别为 (15.5±1.5) mg/盆和 (938±82) mg/盆；重新移栽处理收获四次从土壤中吸收移出 Cd、Zn 总量分别为 (15.3±1.5) mg/盆和 (765±50) mg/盆。其中，留茬 3 cm 处理的总 Zn 吸收移出量显著高于重新移栽处理。

表 5.20　不同收获方式下伴矿景天地上部重金属吸收量　　　　(单位：mg/盆)

收获次数	重金属	留茬 1 cm	留茬 3 cm	留茬 5 cm	重新移栽
第一次	Cd	4.28 ± 0.77	4.39 ± 0.54	3.43 ± 0.42	5.33 ± 0.65
	Zn	184 ± 35	215 ± 65	136 ± 20	192 ± 27
第二次	Cd	—	3.40 ± 1.03	2.85 ± 0.69	4.47 ± 1.26
	Zn	—	169 ± 34	148 ± 61	145 ± 17
第三次	Cd	—	4.26 ± 0.67	—	3.89 ± 0.52
	Zn	—	314 ± 15	—	217 ± 24
第四次	Cd	—	2.16 ± 0.10	—	1.64 ± 0.37
	Zn	—	206 ± 23	—	211 ± 34

第 6 章 复合污染对伴矿景天生长和重金属吸收的影响

植物的生长受到许多不利环境条件的限制，包括 Al、Mn、Cu、Ag 及矿物质元素 (例如 P、K) 等。研究表明，过量的重金属会抑制植物的生长，将会影响伴矿景天对重金属的吸收。

6.1 铜对伴矿景天生长和重金属吸收的影响

6.1.1 水培条件下铜对伴矿景天镉锌吸收的影响

供试伴矿景天采自浙江淳安，试验设置 Cu 处理浓度为 0.31 μmol/L、5 μmol/L、10 μmol/L、50 μmol/L、100 μmol/L 和 200 μmol/L；各 Cu 处理浓度下 Zn、Cd 的处理浓度相同，均为 Zn 500 μmol/L、Cd 50 μmol/L(李柱等，2012)。当 Cu 处理浓度达到 100 μmol/L 以上时，伴矿景天叶片生物量显著降低；而低 Cu 处理 (5~50 μmol/L) 的生物量较对照平均增加，表明低浓度 Cu 对伴矿景天生长有一定的促进作用。随着 Cu 处理浓度的增大，伴矿景天根、茎、叶中 Cu 浓度不断升高。Cu 处理浓度在 0.31~50 μmol/L 范围时，伴矿景天根、茎及叶中 Zn 和 Cd 的积累性均没有产生显著变化，但当 Cu 处理浓度达 100 μmol/L

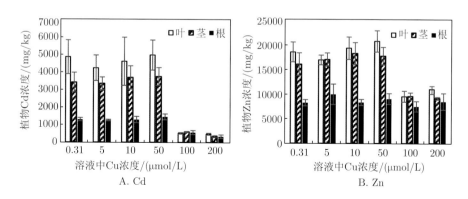

图 6.1 不同 Cu 浓度处理下伴矿景天根茎叶 Cd 和 Zn 浓度变化

和 200 μmol/L 时，伴矿景天根、茎及叶中 Cd 浓度显著下降；Cu 处理也显著地抑制了伴矿景天叶和茎的 Zn 富集能力，但并没有影响伴矿景天根中 Zn 浓度 (图 6.1)。

6.1.2　土培条件下铜对伴矿景天镉锌吸收的影响

供试伴矿景天采自浙江省杭州市富阳区试验基地，供试低 Cu 土壤采自浙江省嵊州市甘霖镇，为砂岩母质发育的湿润砂质新成土。土壤 pH 为 5.43，土壤全量 Cu、Cd 和 Zn 含量分别为 3.61 mg/kg、0.13 mg/kg 和 42.8 mg/kg。将采回的试验用土等分为 4 份，分别按照：① 不加任何重金属 (CK)；② 外加 50 mg/kg Cu (Cu1)；③ 外加 250 mg/kg Cu (Cu2)，设计施用量向土壤加入重金属，开展伴矿景天盆栽试验。试验结果表明，土壤 Cu 浓度为 250 mg/kg 处理时伴矿景天生物量增量最大，并显著高于土壤 Cu 浓度为 50 mg/kg 的处理；外加 50 mg/kg Cu 能促进或显著促进伴矿景天的生长。随土壤 Cu 浓度的增加，伴矿景天体内 Cu 浓度也相应上升 (表 6.1)；随土壤 Cu 浓度的增加，伴矿景天中 Zn 和 Cd 浓度略降低或显著降低，伴矿景天体内 Zn 和 Cd 浓度随土壤 Cu 浓度的增加而降低，可能是土壤 Cu 浓度增大促进了伴矿景天生长产生稀释效应所致。

表 6.1　伴矿景天生物量的增量及体内重金属浓度

处理	Δ 生物量/(g/盆)	Cu/(mg/kg)	Cd/(mg/kg)	Zn/(mg/kg)
CK	0.15 ± 0.08 b	14.0 ± 6.0 c	127 ± 20 b	4309 ± 207 b
Cu1	0.29 ± 0.19 b	28.6 ± 6.2 b	62.0 ± 7.0 c	3346 ± 1304 b
Cu2	0.92 ± 0.39 a	140 ± 74 a	44.9 ± 14.4 c	1740 ± 625 c

注: 同列中不同小写字母表示差异显著；Δ 生物量 = 收获时植物生物量 − 试验前生物量。

6.2　铝毒对伴矿景天生长和重金属吸收的影响

目前，我国酸性土壤的重金属 Cd 和 Zn 污染严重，而伴矿景天是一种适宜修复大面积酸性重金属中低污染农田土壤的一种超积累植物。但是酸性土壤上 pH 低、活性铝 (Al) 浓度高，对伴矿景天的生长形成了潜在威胁。因此，采取适当方法缓解土壤铝毒，是提高伴矿景天在酸性土壤上 Cd、Zn 吸取修复效率的重要方法。

6.2.1　铝毒的水培试验

水培试验共设置 6 个处理，包括不同 Al 浓度 (μmol/L) 和 pH，分别为 pH 4.75 + Al 0、pH 5.80 + Al 0、pH 5.00 + Al 0、pH 5.00 + Al 20、pH 5.00 + Al

100 和 pH 5.00 + Al 500，其中 Al 以 AlCl$_3$·6H$_2$O 的形式添加。每个处理样品中均添加 50 μmol/L Cd 和 500 μmol/L Zn。在 pH 为 5.00 时，低浓度的 Al(20 μmol/L) 显著促进了植物的生长，地上部生物量增加了 31.7% (表 6.2)；而高浓度的 Al(pH 5.00 + Al 100 和 pH 5.00 + Al 500) 则显著地抑制了植物的生长，降低了根和地上部的生物量。此外，在未添加 Al 的处理中，pH 5.80 的溶液中伴矿景天生物量高于 pH 5.00 和 pH 4.75 的处理，说明较低的 pH 也会影响伴矿景天生长 (Zhou et al., 2020)。

表 6.2 水培条件下伴矿景天各组织部分生物量 [单位: g/盆 (干重)]

处理	根	茎	叶	地上部
pH 4.75 + Al 0	0.0605 ± 0.0043 B	0.2827 ± 0.0165 A	0.4783 ± 0.0227 AB	0.7610 ± 0.0360 AB
pH 5.80 + Al 0	0.0775 ± 0.0062 A	0.3161 ± 0.0098 A	0.5151 ± 0.0187 A	0.8313 ± 0.0273 A
pH 5.00 + Al 0	0.0612 ± 0.0023 aB	0.2694 ± 0.0180 bA	0.4236 ± 0.0202 bB	0.6930 ± 0.0370 bB
pH 5.00 + Al 20	0.0626 ± 0.0040 a	0.3517 ± 0.0193 a	0.5612 ± 0.0209 a	0.9129 ± 0.0401 a
pH 5.00 + Al 100	0.0562 ± 0.0053 ab	0.2298 ± 0.0098 b	0.3941 ± 0.0455 b	0.6239 ± 0.0511 b
pH 5.00 + Al 500	0.0423 ± 0.0059 b	0.1455 ± 0.0123 c	0.2603 ± 0.0205 c	0.4058 ± 0.0322 c

注: 数据表示平均值 ± 标准差 ($n = 4$)。地上部生物量等于茎和叶生物量的和。不同的小写字母表示在 pH 5.00 时不同 Al 添加处理差异显著 ($P < 0.05$)；不同的下划线大写字母表示在不同 pH 的无添加 Al 处理差异显著 ($P < 0.05$)。

随着 Al 添加量的增加，伴矿景天吸收的 Al 也逐渐增加。Al 的添加显著降低了伴矿景天根、茎和叶中 Cd 的浓度；但未添加 Al 的处理中，不同 pH 处理的伴矿景天叶片中 Cd 的浓度无显著差异 (图 6.2)。pH 为 5.00 时根部最大 Zn

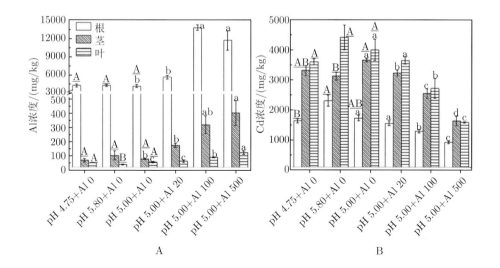

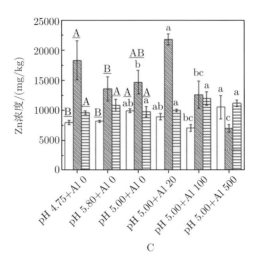

图 6.2　水培条件下伴矿景天各组织部分重金属浓度

浓度出现在 500 μmol/L Al 处理中，但与 pH 5.00 + Al 0 和 pH 5.00 + Al 20 处理无显著差异；pH 5.00 + Al 20 处理的伴矿景天茎中 Zn 浓度最高。综合分析，在 pH 为 5.00 条件下，Al 添加量大于 100 μmol/L 显著降低了伴矿景天的 Cd(39.3% ~76.1%) 和 Zn(6.9% ~51.0%) 吸收量。

6.2.2　铝毒的盆栽试验

供试土壤采自韶关市及贵阳市的农田，pH 分别为 5.52 和 4.86，可交换的 Al 浓度为 0.048 cmol/kg 和 0.93 cmol/kg。每种土壤分别添加 0 mg/kg、50 mg/kg、200 mg/kg、500 mg/kg 和 1000 mg/kg 的 Al(AlCl$_3$·6H$_2$O)，土壤老化 1 个月后开展伴矿景天的盆栽试验 (Zhou et al., 2020)。与水培试验比较，土壤中 Al 的添加对伴矿景天的抑制作用更强，200 mg/kg 和 500 mg/kg 处理的伴矿景天生物量下降 32.1% ~57.7% 和 80.4% ~85.7%，高浓度 Al(1000 mg/kg) 处理下两种土壤中伴矿景天均死亡 (图 6.3)。

除 50 mg/kg Al 处理外，Al 的添加显著提高了伴矿景天地上部 Al 的浓度。在韶关采集的土壤中，200~1000 mg/kg 的 Al 处理显著降低了伴矿景天地上部 Cd 和 Zn 的浓度，Cd 和 Zn 的吸取量分别降低了 48.2% ~99.2% 和 46.2% ~98.7%。在贵阳采集的土壤中，500 mg/kg 和 1000 mg/kg 的 Al 处理显著降低了 Cd 吸取量的 91.8% 和 95.6%，Zn 吸取量的 68.4% 和 89.7% (图 6.4)。

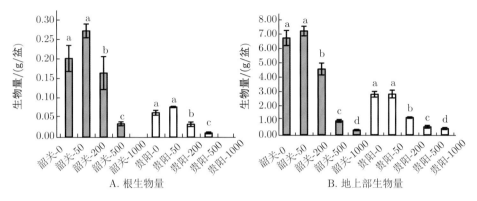

图 6.3 盆栽条件下不同处理对伴矿景天根和地上部生物量的影响

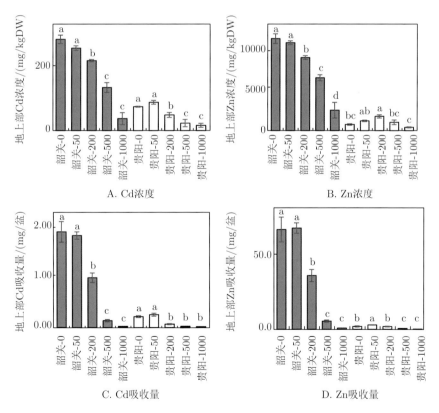

图 6.4 不同 Al 处理对伴矿景天地上部 Cd 和 Zn 浓度及吸取量的影响

6.2.3　改良剂对铝毒的缓解试验

供试土壤为浙江杭州某铅锌矿区污染土壤,土壤 pH 为 4.69,全 Cd 和 Zn 含量为 2.91 mg/kg 和 523 mg/kg,交换态 Al 含量为 268 mg/kg。采集的土壤再外源添加 200 mg/kg 的 Al($AlCl_3\cdot6H_2O$),老化 2 周后添加不同改良剂并种植伴矿景天,共设置 4 个处理,分别为 CK (不施加改良剂)、CMP (钙镁磷肥,4.70 g/kg)、$MgCO_3$ (1.85 g/kg) 和 KH_2PO_4(2.71 g/kg)。如图 6.5 所示,与 CK 比较,CMP 和 $MgCO_3$ 处理下伴矿景天根、茎和叶生物量分别增加了 25.0%～52.5% 和 29.2%～39.8%,而 KH_2PO_4 处理降低了地上部 (茎 + 叶) 生物量的 41.6%。KH_2PO_4 处理下伴矿景天根、茎和叶中 Al 浓度均高于 CK,且茎和叶中 Al 浓度显著高于 $MgCO_3$ 处理。

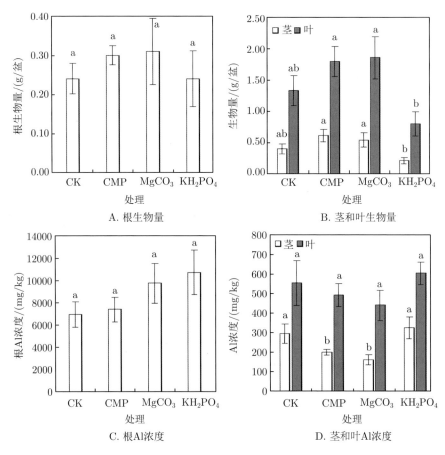

图 6.5　不同改良剂对伴矿景天根、茎、叶生物量和 Al 浓度的影响

如图 6.6 所示，$MgCO_3$ 和 CMP 处理下伴矿景天的 Cd 和 Zn 浓度低于 CK。不同处理下，伴矿景天地上部 Cd 吸收量依次是 $MgCO_3$> CMP> CK> KH_2PO_4，Zn 吸收量则依次是 CMP> $MgCO_3$> CK> KH_2PO_4(图 6.6C)。整体分析看出，CMP 和 $MgCO_3$ 处理对伴矿景天吸收 Cd 和 Zn 的促进效果较好，而 KH_2PO_4 处理对伴矿景天重金属吸收的影响表现为显著抑制作用 (陈思宇等, 2020)。

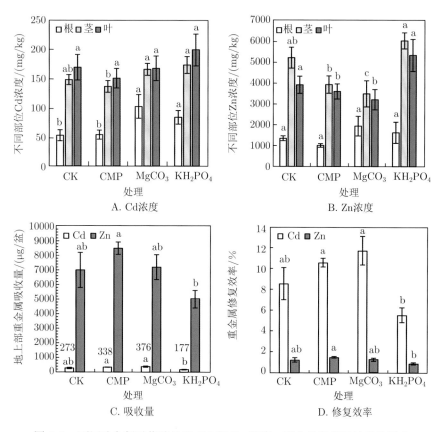

图 6.6　不同改良剂对伴矿景天 Cd 和 Zn 浓度、吸收量和修复效率的影响

6.3　纳米银对伴矿景天生长和重金属吸收的影响

全球的纳米银 (AgNPs) 使用量正逐年增加，纳米银在生产、使用和丢弃的过程中会不可避免地进入污水处理系统，并随污水污泥进入自然生态系统。AgNPs 粒径微小，进入土壤后易被植物吸收并在体内积累，从而对植物产生毒害作用。目

前，关于 AgNPs 的植物毒害及其机理研究尚不多见，研究不同浓度和不同来源的 AgNPs 对伴矿景天生长及 Ag、Cd 和 Zn 等重金属吸收性的影响，可为农田土壤重金属污染的控制与修复提供理论依据。

供试土壤为江西省鹰潭市的水耕人为土，污泥为采自江苏省某污水处理厂的脱水污泥，含水率为 78%。试验所用 AgNPs 溶液纯度为 99.9%，储备液中 AgNPs 粒子的平均粒径为 10 nm，Ag 浓度为 1 g/L。盆栽试验共设 10 个处理，施加 AgNPs 浓度分别为 0 mg/kg、1 mg/kg、4 mg/kg、7 mg/kg 和 10 mg/kg 共 5 个梯度，并分施污泥与不施污泥两类，其中污泥用量为 1.6%(王朝阳等，2017)。研究发现，不同浓度 AgNPs 处理 (0~10 mg/kg) 未对伴矿景天生物量产生显著影响，但 AgNPs+ 污泥处理导致其生物量显著下降。随着土壤中不同来源 AgNPs 浓度的增加，伴矿景天地上部 Ag 浓度未有显著变化，但根中 Ag 浓度明显升高，最高浓度可达 2.07 mg/kg(表 6.3、图 6.7)，根部对 Ag 的富集系数 (0.18~0.33) 明显高于地上部 (0.001~0.004)；种植伴矿景天后，每盆植物地上部带走的 Cd 和 Zn 量分别占土壤的 2.62%~7.14% 和 2.39%~7.65%。因此，该研究条件下 AgNPs+ 污泥处理对伴矿景天生长的抑制作用与污泥施用有关，污泥中的 AgNPs 或单独添加的 AgNPs 均未对伴矿景天的重金属吸收性产生显著影响。

表 6.3　不同处理对伴矿景天地上部重金属浓度影响

重金属浓度	污泥施用与否	AgNPs 添加量				
		0 mg/kg	1 mg/kg	4 mg/kg	7 mg/kg	10 mg/kg
Ag/(μg/kg)	未施用	6.48 ± 2.29a	4.12 ± 1.44a	6.37 ± 1.88a	6.37 ± 1.89a	7.49 ± 1.23a
	施用	5.99 ± 2.73a	6.98 ± 0.87b	6.99 ± 0.86a	7.49 ± 2.99a	5.99 ± 1.49a
Cd/(mg/kg)	未施用	17.1 ± 2.11b	14.7 ± 1.12a	20.3 ± 2.31b	20.1 ± 4.91b	18.7 ± 4.12a
	施用	13.6 ± 2.01a	13.0 ± 1.53a	11.9 ± 1.41a	9.79 ± 3.70a	12.9 ± 3.10a
Zn/(mg/kg)	未施用	1922 ± 146a	1701 ± 228a	1655 ± 185a	1920 ± 237a	1772 ± 176a
	施用	2230 ± 358a	2592 ± 497b	2437 ± 217b	2014 ± 425a	2223 ± 441a

注：同一列同一元素不同小写字母表示各处理存在显著性差异 ($P < 0.05$)。

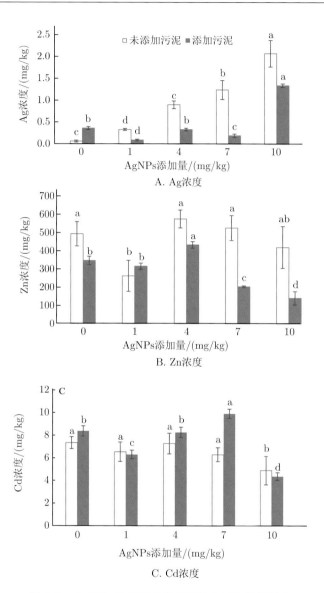

图 6.7　AgNPs 对伴矿景天根部重金属浓度的影响

第 7 章　伴矿景天植物安全处置技术原理

植物修复技术由于成本低、不破坏土壤生态环境、无二次污染等优点，已被广泛应用于重金属污染土壤的修复。然而，植物体内积累的重金属含量较高，如何安全地处置重金属富集植物的生物质是亟须解决的重要技术问题之一。

7.1　伴矿景天植物鲜样的脱水

伴矿景天鲜样含水量高，晒干需要较长时间及大量场地，处理不当易造成二次污染。选择浙江省杭州市富阳区某重金属污染农田土壤修复基地的伴矿景天鲜样 (Cd 浓度为 4.11 mg/kg)，切碎至小于 1 cm 并压榨，分别按照榨浆率 0%、20%、40%、60% 和 80% 得到残渣和浆液 (王鹏程等，2017)。如表 7.1 所示，随着榨浆率的提高，伴矿景天残渣体积逐渐减少，残渣烘干至恒重的时间也显著下降。在实际应用中，可大幅降低晾晒时的占用场地的面积和晾晒时间。随着榨浆率的提高，浆液中的 Cd 浓度有逐渐上升的趋势，由 20% 时的 0.60 mg/L 升高到 80% 时的 2.00 mg/L，而相应残渣中的 Cd 浓度则由 20% 时的 1.80 mg/kg (鲜重) 降低到了 80% 时的 1.33 mg/kg。

表 7.1　不同榨浆率下的伴矿景天残渣和浆液

榨浆率 /%	残渣体积减小率 /%	残渣 40℃ 烘至恒重 耗时/h	残渣镉浓度 (干重) /(mg/kg)	浆液上清液镉浓度 /(mg/L)
0	0	63.3 ± 12.7	79.10 ± 2.74	—
20	38.4 ± 1.2	35.7 ± 0.6	46.65 ± 1.89	0.60 ± 0.22
40	59.3 ± 0.5	23.3 ± 6.8	38.18 ± 6.67	1.43 ± 0.06
60	71.1 ± 0.3	21.0 ± 2.6	36.91 ± 1.60	1.65 ± 0.16
80	80.7 ± 0.2	16.7 ± 0.6	34.41 ± 4.37	2.00 ± 0.10

注：榨浆率 0% 为不做处理的整株植物。

7.2 伴矿景天榨浆废液处置

鲜样脱水可极大地减少伴矿景天晾晒时占用的场地面积,提高晾晒效率,但产生的浆液含有重金属和有机物,需要进行安全处置。目前,主要探索了化学沉淀、电化学和废液还田三种处理技术。

7.2.1 化学沉淀处理

选择 60% 榨浆率的伴矿景天浆液进行化学沉淀处理。首先,调节 pH 进行碱性沉淀,再添加絮凝剂进行絮凝,分离上清液加入重金属捕捉剂进行络合沉淀 (王鹏程等, 2017)。碱性调节剂为 NaOH,絮凝剂包括聚合氯化铝 (PAC)、聚合氯化铝铁 (PAFC)、聚丙烯酰胺 (PAM) 和氢氧化铝 $[Al(OH)_3]$,重金属捕捉剂选择三巯基均三嗪三钠盐 (TMT)。研究结果表明,絮凝剂采用 PAC 时,形成大量絮凝物,效果明显,沉淀快 (表 7.2),且 PAC 无毒无害、价格低廉,为本研究中最佳的絮凝剂,PAC 的最佳用量为 0.3% (图 7.1)。随着 NaOH 投加量由 0 增加至 0.5%,溶液 pH 由 5.82 升至 11.81,反应后上清液中 Cd 浓度表现为先下降后升高的趋势。NaOH 投加量为 0.1% 时,Cd 浓度为最低值,0.46 mg/L。进一步添加 TMT 则使浆液中的 Cd 浓度进一步降低,TMT 的最佳剂量范围为 0.05%~0.5%。综上所述,化学沉淀的最佳试剂投加量为 NaOH 0.1% (pH 9.18)、PAC 0.3%、TMT 0.05%~0.5%。通过此过程可使废液出水中 Cd 浓度低于《污水综合排放标准》(GB 8978—1996) 的 0.1 mg/L 限值。

表 7.2 不同絮凝剂处理效果的比较

项目	对照 (不加)	PAC	PAFC	PAM	Al(OH)$_3$
景天浆液体积/mL	250	250	250	250	250
pH	5.80	10.9	11.1	11.2	11.6
下层沉淀体积/mL	—	30	32	35	20
上清液 Cd 浓度/(mg/L)	2.28	2.01	2.06	0.77	2.20
性状特征描述	—	形成大量絮凝物,效果明显,沉淀快	与 PAC 效果相当	反应后浆液较为黏稠	沉淀较快,上清液较清澈

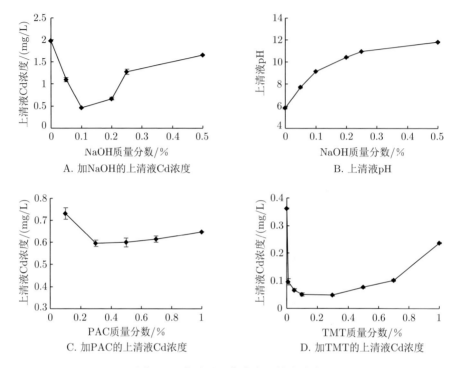

图 7.1　伴矿景天浆液中镉的去除率

7.2.2　电化学深度处理

上述化学沉淀处理可以去除浆液中大部分重金属，实际应用中，浆液还含有大量可溶性有机物质及部分残留重金属，可以结合电化学方法进行深度处理。

电芬顿法不仅可以去除伴矿景天浆液中的有机物，还具有电化学絮凝作用，在降解有机物的同时可以将重金属强化絮凝去除。采用絮凝沉淀和电芬顿联合的方法处理伴矿景天汁液，则可有效去除其中的重金属及有机物。对经过絮凝沉淀后的浆液进行电芬顿处理，适当高的 pH、适当高的电流及一定量的 H_2O_2 都有利于重金属的去除。在 pH 5、电流密度为 15 mA/cm、H_2O_2 投加量为 9 g/L 的条件下处理 80 min 后，浆液中 Cd 和 Zn 浓度由 0.20 mg/L 和 7.23 mg/L 下降到 0.0011 mg/L 和 0.0075 mg/L，已远低于灌溉水排放标准，其中的 DOC、NO_3^- 和 PO_4^{3-} 都有不同程度的降低 (表 7.3、表 7.4)。

表 7.3   不同处理下汁液中阴离子的浓度和可溶性有机碳浓度　　（单位：mg/L）

处理	Cl^-	NO_3^-	PO_4^{3-}	SO_4^{2-}	DOC
处理前	7410	1493	19.3	5250	7590
电絮凝	7360	315	3.4	5160	5090
电芬顿	6760	339	1.4	4090	4090

表 7.4   不同处理下汁液中阳离子的浓度和金属元素浓度　　（单位：mg/L）

处理	K^+	Na^+	Mg^{2+}	Ca^{2+}	Cd	Zn	Pb	Cu	Ni	Fe	Al
处理前	1530	4060	1030	6340	0.20	7.23	0.0096	0.062	0.12	3.90	23.00
电絮凝	1300	3680	964	5700	0.06	7.30	0.0019	0.0028	0.33	7.30	1.01
电芬顿	1460	3950	976	5230	0.0011	0.0075	0.0059	0.0056	0.0042	2.00	0.02

7.2.3   伴矿景天汁液还田处理初步尝试

除化学沉淀和电化学处理外，土地处理也是伴矿景天汁液的一种处置方法。该方法主要利用土壤、微生物和植物系统的综合作用净化污水与废水，改善水环境质量，同时促进绿色植物生长。

选取浙江省杭州市富阳区某重金属污染农田中的伴矿景天地上部鲜样，破碎榨汁后收集其浆液。盆栽试验采用两种类型土壤：一种为酸性土壤，采自湖南省湘潭市某农田，为第四纪红色黏土母质发育的水稻土；另一种为中性土壤，采自江苏省太仓市某农田，为潟湖堆积母质发育的水稻土。试验设置 0 mL/kg(CK)、100 mL/kg(L) 和 200 mL/kg(H) 三个汁液添加量处理，将汁液与基肥一同混入过 10 目筛的土壤，搅拌均匀装填进花盆，然后种植伴矿景天。

与 CK 比较，伴矿景天汁液添加处理的生物量显著下降 (表 7.5)。酸性土壤汁液处理后伴矿景天地上部 Cd、Zn 浓度较 CK 显著升高，L 和 H 处理地上部 Cd 浓度分别是 CK 的 3.15 倍和 3.42 倍，Zn 浓度分别是 CK 的 1.63 倍和 1.55 倍。L 处理伴矿景天地上部 Cd 积累量为 0.60 mg/盆，是 CK 的 1.94 倍，而 H 处理由于干质量降低较多，其地上部 Cd 积累量与 CK 差异不显著。酸性土壤 L 处理的伴矿景天地上部 Cd、Zn 积累量显著高于汁液带入量，修复后土壤 Cd、Zn 浓度分别为 0.36 mg/kg 和 89.3 mg/kg(表 7.6)，均低于原土的本底值。这表明在酸性土壤中，采用 100 mL/kg 伴矿景天汁液处理可达到汁液处理和净化土壤的双重目的 (李振炫等，2020)。

表 7.5　伴矿景天地上部生物量及对 Cd、Zn 的吸收

土壤	处理	地上部干重 /(g/盆)	地上部浓度/(mg/kg)		富集系数		地上部积累量/(mg/盆)	
			Cd	Zn	Cd	Zn	Cd	Zn
酸性	CK	9.06±0.55a	33.0±3.0b	2780±186b	59.5±6.8c	23.9±2.7c	0.31±0.04b	23.9±1.7a
	L	6.34±1.06b	104±3.5a	4524±134a	114±14a	35.7±2.1a	0.60±0.05a	27.5±3.7a
	H	4.45±0.56b	113±0.2a	4317±176a	86.9±15.2b	30.8±2.3b	0.37±0.06b	17.8±4.2b
中性	CK	10.10±0.76a	19.6±0.7b	1962±97a	39.3±6.2a	9.9±1.1a	0.23±0.02a	23.2±7.3a
	L	6.89±0.76b	29.5±0.4a	1682±75ab	39.7±7.5a	7.9±0.8b	0.23±0.06a	12.2±2.6b
	H	4.56±0.53b	40.8±7.2a	1626±64b	34.8±6.9a	6.5±0.9b	0.18±0.05a	7.0±1.6c

注：数据表示为平均值 ± 标准差 ($n=4$)；同列同一土壤相同字母表示在 95% 置信区间内没有显著性差异。富集系数 = 地上部浓度/(原土浓度 + 汁液带入浓度)。地上部积累量 = 地上部浓度 × 地上部生物量。

表 7.6　汁液带入土壤 Cd、Zn 量与植物 Cd、Zn 吸收量

土壤	处理	原土 /(mg/kg)		汁液带入量 /(mg/kg)		地上部积累量 /(mg/kg)		收获时土壤全量 /(mg/kg)		回收率 /%	
		Cd	Zn	Cd	Zn	Cd	Zn	Cd	Zn	Cd	Zn
酸性	CK	0.58	111	0	0	0.28±0.04b	21.7±1.7a	0.26±0.02b	78.4±3.4b	116±6a	114±7a
	L	0.58	111	0.28	12.4	0.54±0.05a	25.0±3.7a	0.36±0.02b	89.3±6.5b	95.1±22.7a	113±11a
	H	0.58	111	0.56	24.9	0.34±0.06b	16.2±4.2b	0.74±0.11a	116±5a	118±14a	107±7a
中性	CK	0.54	210	0	0	0.21±0.02a	21.1±7.3a	0.47±0.02c	224±9c	72.8±2.6b	84.6±5.5a
	L	0.54	210	0.28	12.4	0.21±0.06a	11.1±2.6b	0.76±0.03b	251±15b	80.9±5.5ab	84.5±4.7a
	H	0.54	210	0.56	24.9	0.16±0.05a	6.39±1.60c	1.06±0.05a	272±7a	89.3±6.2a	84.0±2.2a

注：数据表示为平均值 ± 标准差 ($n=4$)；同列同一土壤相同字母表示在 95% 置信区间内没有显著性差异。地上部积累量 = 地上部浓度 × 地上部生物量。回收率 =(原土全量 + 汁液带入量－地上部积累量)/收获时土壤全量 ×100%。

7.3　伴矿景天植物干样的安全焚烧条件探索

焚烧是伴矿景天生物质处置的方法之一，具有高的体积减小率和能量再利用效率，但生物质焚烧所产生的气体及残渣中含有重金属、多环芳烃 (PAHs)、二噁英和呋喃等污染物。在生物质焚烧过程中，使用添加剂及吸附剂可以有效降低气体及残渣中重金属的含量。

7.3.1 伴矿景天焚烧过程中污染物排放规律

供试伴矿景天植株于 2009 年 5 月采自浙江省杭州市郊区重金属污染修复示范基地，在不同温度下进行实验室内管式炉焚烧，采集烟气、飞灰与底渣进行成分分析。焚烧温度是影响焚烧过程中重金属挥发和 CO、SO_2、NO_x 及多环芳烃排放的主要因素。随着温度的升高，CO、NH_3、NO_2 和 HCN 的排放量逐渐下降，NO、SO_2 的浓度逐渐增加，而 N_2O 变化不大；HCl 在 750℃ 时有最低值，当温度高于 750℃ 时，随着温度的升高，HCl 的浓度显示出升高的趋势。

烟气中 Zn 浓度随温度的升高而升高 (图 7.2)，650℃ 和 750℃ 时烟气中 Zn 浓度较低，分别为 32.25 mg/m³ 和 33.90 mg/m³，当温度升高至 850℃ 和 950℃

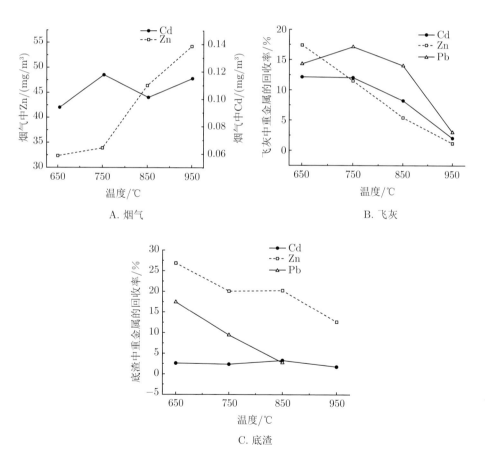

A. 烟气

B. 飞灰

C. 底渣

图 7.2 温度对烟气、飞灰和底渣中重金属回收率的影响

A 中 Pb 未检出

时，烟气中 Zn 浓度分别上升为 46.40 mg/m^3 和 54.20 mg/m^3；而烟气中 Cd 的浓度在 750℃ 和 950℃ 时较高，分别为 0.117 mg/m^3 和 0.114 mg/m^3，650℃ 时的浓度最低，为 0.093 mg/m^3，850℃ 时的浓度为 0.101 mg/m^3。根据《危险废物焚烧污染控制标准》(GB18484—2001) 中规定的污染物排放标准，750℃ 以上焚烧的伴矿景天气体中重金属都应该进行控制后再排放。飞灰及底渣中的重金属回收率随着温度的升高逐渐降低，在相同温度下，与 Cd、Pb 在底渣中的回收率相比，Zn 在底渣中的回收率最高。

　　伴矿景天焚烧气体中共检测出 13 种多环芳烃 (表 7.7)，气体中的多环芳烃以三环为主，且随着温度的升高三环占总数的比例上升，在 750℃、850℃ 和 950℃ 时，三环的多环芳烃分别占总数的 55.3%、66.4% 和 66.6%。另外，PAHs 的总排放量随温度的升高而降低，在 750℃、850℃ 和 950℃ 时，PAHs 总量分别为 262 μg/m^3、220 μg/m^3 和 179 μg/m^3，850℃ 和 950℃ 的烟气中 PAHs 总量与 750℃ 相比分别降低了 16.1% 和 31.7%。750℃ 和 850℃ 时，飞灰中的 PAHs 总量为 2532 μg/kg 和 3484 μg/kg(表 7.8)，而 950℃ 时飞灰中的 PAHs 总量为 1218 μg/kg；三环的 PAHs 含量最高，750℃、850℃ 和 950℃ 飞灰中三环 PAHs 分别占总量的 60.9%、71.1% 和 96.9%。

表 7.7　伴矿景天焚烧烟气中多环芳烃浓度　　　　(单位：μg/m^3)

化合物	750℃	850℃	950℃
萘	93.0	46.4	0.00
苊	90.3	91.6	38.8
芴	4.41	4.16	14.8
菲	41.3	39.7	56.8
蒽	8.95	10.4	8.86
荧蒽	8.42	5.24	16.0
芘	9.01	5.94	24.0
苯并 [a] 蒽	1.43	1.01	1.42
屈	3.60	3.92	4.60
苯并 [b] 荧蒽	0.00	2.27	2.97
苯并 [k] 荧蒽	0.68	1.78	1.19
苯并 [a] 芘	0.97	1.33	1.95
二苯并 [a,h] 蒽	0.00	0.00	0.00
苯并 [g,h,i] 苝	0.00	6.04	7.69
茚并 [1,2,3-cd] 芘	0.00	0.00	0.00
总量	262	220	179

表 7.8   伴矿景天焚烧后飞灰和底渣中多环芳烃浓度   (单位: $\mu g/m^3$)

化合物	飞灰			底渣		
	750℃	850℃	950℃	750℃	850℃	950℃
萘	0.0	0.00	0.00	0.00	0.00	0.00
苊	287	165	1121	298	32.7	65.3
芴	109	271	38.4	4.77	18.0	35.8
菲	1091	1915	21.2	140	141	129
蒽	60.6	128	0.00	4.98	3.84	3.70
荧蒽	253	368	31.2	4.28	35.7	0.00
芘	294	507	0.00	14.3	131.2	0.00
苯并 [a] 蒽	40.6	23.2	0.00	0.00	0.00	0.00
屈	39.9	50.3	0.00	0.00	0.00	0.00
苯并 [b] 荧蒽	124	23.0	0.00	0.00	0.00	0.00
苯并 [k] 荧蒽	21.0	8.72	6.05	0.00	0.00	0.00
苯并 [a] 芘	26.3	25.5	0.00	0.00	0.00	0.00
二苯并 [a,h] 蒽	0.00	0.00	0.00	0.00	0.00	0.00
苯并 [g,h,i] 芘	187	0.00	0.00	0.00	0.00	0.00
茚并 [1,2,3-cd] 芘	0.00	0.00	0.00	0.00	0.00	0.00
总量	2533	3485	1218	466	362	234

7.3.2   添加剂及吸附剂对污染物排放的影响

添加剂能够影响伴矿景天焚烧过程中气体的重金属含量,而吸附剂的存在可以吸附重金属,减少其含量。将干燥的伴矿景天磨碎并充分混合,然后将生物质与添加剂 (CaO、Al_2O_3、高岭土) 一起放在管式炉中焚烧,并使用吸附剂 (活性炭) 对焚烧尾气进行处理。使用 Al_2O_3、CaO 和高岭土作为添加剂后,气体中的 Cd 约有 33.0%、45.2% 和 91.2% 被去除 (图 7.3)。用活性炭 (AC) 作为吸附剂,烟道气中锌的去除率为 99.1%,镉的去除率为 97.6%,烟道气中的 Cd 排放达到了国家的排放标准。CaO、Al_2O_3 和高岭土的添加提高了底灰和飞灰中 Cd 的回收率,也提高飞灰中 Zn 的回收率,但会降低其在底灰中的回收率。就总回收率而言,高岭土是最有效的添加剂,可用于回收重金属并控制燃烧烟气中的重金属含量。高岭土和 Al_2O_3 的添加还会降低气体中 NO_x 的含量 (表 7.9)。活性炭的存在则去除了气体中超过 99% 的多环芳烃。

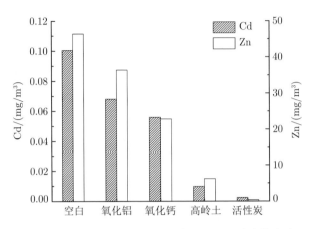

图 7.3　添加剂、活性炭对气体中 Cd、Zn 浓度的影响

表 7.9　气体中 NO_x、SO_2、CO 以及 HCl 的浓度　（单位：mg/m^3）

处理	CO	SO_2	NO	NO_2	N_2O	NO_x	NH_3	HCl	HCN
CK	1009	6.99	536	17.6	0.003	553	15.1	1.62	3.95
高岭土	2444	0.08	426	34.2	1.43	461	38.2	0	5.16
CaO	2578	0.03	677	25.1	0.12	702	35.9	2.54	4.64
Al_2O_3	1854	0.66	493	19.3	0.06	512	31.5	2.19	5.68

7.4　伴矿景天干样的热解处置

　　生物质热解技术是指在加热条件下，将生物质分解成气体、液体、固体等可燃燃料并分别加以利用的技术。密闭的热解条件使热解较焚烧有更高的重金属回收率。

7.4.1　伴矿景天热解过程中产物产率及重金属分布规律

　　热解焦油的产率随温度升高有下降的趋势 (图 7.4)，从 650℃ 时的 3.64% 降低到 750℃ 时的 3.17%。生物油的产率随热解温度升高有下降的趋势，产率为 32.43%～22.49%。气体的产率在小于 650℃ 时变化不大，但是 750℃ 的气体产率有明显的上升趋势。残炭的产率由 22.01%(450℃) 升至 31.7%，然后降至 15.93%(750℃)。温度升高有利于伴矿景天生物质的减容，增加热解气体与生物油的产率。

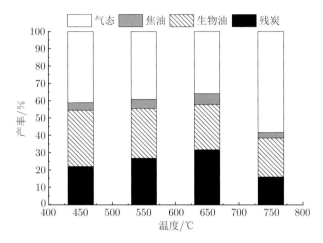

图 7.4 伴矿景天热解过程中各成分产率

温度对重金属的挥发有重要影响。残炭中的 Cd、Pb 和 Zn 随温度升高而下降 (图 7.5),在 450~750°C 时 66.3% 以上的 Zn 残留在残炭当中,而当温度升高到 850°C 时 54.4% 的 Zn 挥发到油当中。大于 73.6% 的 Pb 和大于 87.6% 的 Cd 在热解过程中挥发而富集于生物油当中,仅仅只有少量 Pb(3.50%~14.3%) 和 Cd(0.02%~2.16%) 存留在残炭当中。因此,当温度高于 450°C 时 Pb 和 Cd

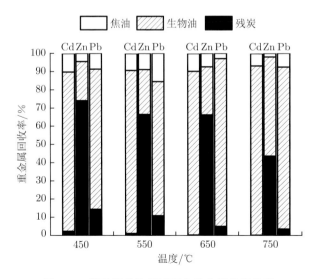

图 7.5 伴矿景天热解过程中重金属的回收率

挥发于烟气当中，并且富集于生物油当中。而大部分的 Zn 存留在残炭当中，只有当温度大于 850℃ 时，大部分 Zn 才挥发并富集于生物油当中。

7.4.2 床料对伴矿景天热解过程中产物产率及重金属分布的影响

以高铝矾土为床料时，伴矿景天的产物总质量平衡在 77.4%～101.4%，随着温度升高，残炭的产率下降 (图 7.6)，由 55.9% (450℃) 降至 17.5% (650 ℃)。气体的产率随温度升高而升高，550℃ 时伴矿景天的生物油产率最高。以石英砂和凹凸棒土为床料时的生物油产率皆低于以高铝矾土为床料的产率。其中，石英砂为床料时生物油和残炭的产率最低，生物油和残炭的产率分别为 24.95% 和 25.09%，而气体产率最高，为 33.44%。因此，以石英砂为床料有利于伴矿景天生物质热解为气态产物，而以高铝矾土为床料更有利于提高残炭和生物油的产率，凹凸棒土和石英砂具有促进热解气生成的催化性能。

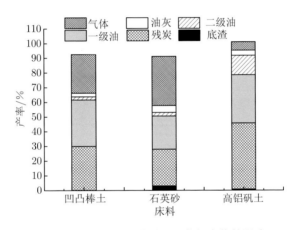

图 7.6   不同床料对伴矿景天热解产物的影响

不同床料下，Cd 和 Pb 在残炭中的浓度由高到低的分布顺序为石英砂＞凹凸棒土＞高铝矾土 (图 7.7)；Zn 在残炭中浓度由高到低的顺序为凹凸棒土＞高铝矾土＞石英砂。这主要是由于以高铝矾土为床料时残炭的产率最大，导致其重金属的含量最低。油灰中的 Cd 浓度在以高铝矾土为床料时达到最高，另外以凹凸棒土为床料时，底渣当中的重金属浓度比以石英砂和高铝矾土为床料的底渣中重金属浓度高，因此凹凸棒土在伴矿景天热解过程中对重金属的吸附能力大于石英砂和高铝矾土。

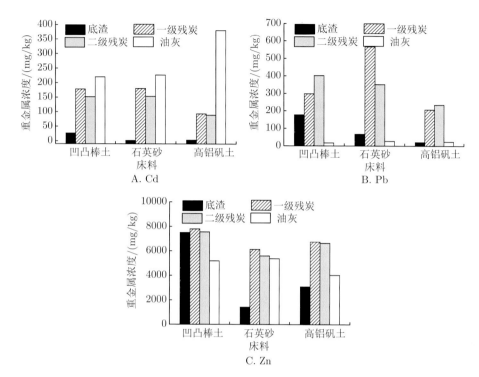

图 7.7 不同床料下热解伴矿景天灰渣中重金属浓度

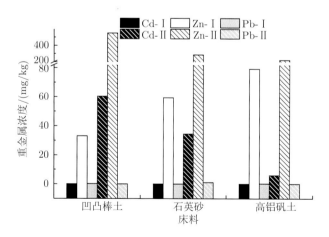

图 7.8 不同床料下伴矿景天热解生物油中重金属浓度

I 为一级油；II 为二级油

三种床料中，Cd 和 Pb 在一级油中浓度很低 (图 7.8)，浓度分别为 0~0.019 mg/kg 和 0~0.029 mg/kg，Zn 在一级油中浓度梯度由高到低为高铝矾土＞石英砂＞凹凸棒土，而二级油中的 Cd 和 Zn 在不同床料中浓度由高到低为凹凸棒土＞石英砂＞高铝矾土；以凹凸棒土为床料时，伴矿景天热解过程中二级油中重金属浓度最高，Cd 浓度可达到 60 mg/kg，因此以高铝矾土为床料时油灰 Cd 的产率最大，而以石英砂为床料时 Cd 在一级油中未被检出。

7.5　伴矿景天干样的固定炉焚烧

在前期管式炉情形下探索伴矿景天干样安全焚烧技术参数的基础上，扩大焚烧规模，采用每小时可焚烧 50 kg 干样的固定炉进行焚烧。将伴矿景天干样放入固定床焚烧炉中，并通入过量的空气进行燃烧反应，在高温条件下可实现伴矿景天生物质最大程度的减量，避免或减少新污染物的产生。焚烧过程中重金属主要以氧化物的形式在一燃室底渣中聚集，先进的飞灰捕集系统可确保焚烧烟气达标排放。

固定床焚烧炉系统主要包括卷扬机进料系统、鼓风系统、一燃室、二燃室、旋风除尘器、布袋除尘器、水冷系统及脉冲清灰系统。一燃室是生物质燃烧反应发生的主要场所，二燃室是将一燃室未燃烧完全的气体进行二次燃烧，如 CO 和 CH_4。为有效控制焚烧烟气污染物的排放，二燃室的温度需维持在 500℃ 左右。烟气中的飞灰分别通过两级除尘系统进行捕集，待焚烧结束后冷却至室温，即可在一燃室、旋风除尘器底部分别收集 "底灰" (或称 "底渣") 和 "旋风灰"；打开脉冲清灰系统，可在布袋除尘器底部收集 "布袋灰"。旋风灰和布袋灰，常统称为 "飞灰"。

植物样品中 Cd、Pb 和 Zn 的含量分别为 677 mg/kg、262 mg/kg 和 22945 mg/kg，利用固定床焚烧伴矿景天的减重率为 81.9％。焚烧产生的植物灰烬主要以一燃室底灰的形式存在，其重金属含量相对于植物提升了 1.4~4 倍，Cd、Pb 和 Zn 的含量分别为 969 mg/kg、790 mg/kg 和 92034 mg/kg。如图 7.9 所示，伴矿景天焚烧底灰的矿物相组成主要为 SiO_2 和 ZnO，通过衍射图谱可以发现 SiO_2 的强度很大，主要是因为收获的伴矿景天从修复农田夹带了部分泥土，经自然晒干后并未去除，导致焚烧灰烬中 SiO_2 成分被大量检出。若前期收获翻晒能有效去除泥土，可较好地提高焚烧灰分的资源化利用潜能，回收有价金属。

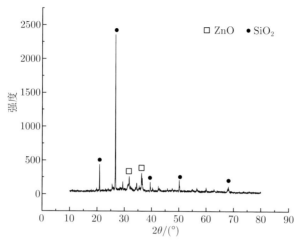

图 7.9   固定床焚烧底灰的矿物相组成

7.6   伴矿景天焚烧灰的安全处置与资源化利用

目前，关于焚烧飞灰处理的技术主要分为两类：固化/稳定化技术与浸出分离技术。前者主要包括水泥窑协同处置技术、化学药剂固化和高温熔融技术等，以降低飞灰中重金属的生物可给性为目的，通过评价固化/稳定化后重金属的浸出毒性判断其安全可靠性。另外，浸出分离技术即是利用酸性、碱性浸提剂或螯合剂浸出溶解固相中重金属，实现焚烧飞灰的重金属解毒。可进一步处理浸出液，如电解或化学沉淀等，回收有价金属元素。

超积累植物伴矿景天焚烧灰不同于城市生活垃圾焚烧灰，其成分相对单一、Cd 和 Zn 含量较高，具有较好的回收有价金属的潜能。我们从促进综合利用、降低危害性、二次原料回收和循环经济的角度出发，探寻伴矿景天焚烧灰浸出回收有价金属的工艺条件。

7.6.1   不同浸提剂及浓度对焚烧灰中重金属浸出的影响

三种不同的浸提剂对 Cd 浸出能力表现不同，酸性浸提剂浸出效率明显高于氯化铵溶液，三种浸提剂对 Cd 浸出能力由强到弱为盐酸 > 硝酸 > 氯化铵。随着浸出剂浓度的增加，焚烧飞灰中 Cd 的浸出效率逐渐增加。但浓度升至 1 mol/L 时，Cd 浸出率最大值为 90%；氯化铵溶液对 Cd 的浸出率最大值为 60%。伴矿景天焚烧灰中 Zn 的浸出规律与 Cd 类似，主要受 pH 影响，盐酸与硝酸对 Zn 的浸出能力相当。当浓度为 1 mol/L 时，两种酸性浸提剂对 Zn 的浸出效率仅为

80%，当浓度增加至 2 mol/L 时最大值为 90%。同样地，氯化铵盐溶液浸提剂对 Zn 的最大浸出效率仅为 40% 左右 (图 7.10)。

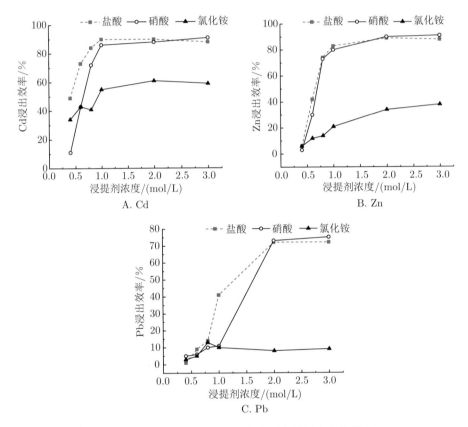

图 7.10　不同浸提剂对焚烧灰中重金属浸出率的影响

在低浓度区间，三种浸提剂对 Pb 的浸出效率均偏低，酸性浸提剂浸出浓度增加至 2 mol/L 时最大值为 70%，主要是因为 Pb 的浸出跟溶解性 CO_2、pH 及氯离子有关。浸出前期溶解性 Pb 与 CO_2 反应生成不溶性 $PbCO_3$，导致 Pb 浸出率偏低。随着 H^+、Cl^- 浓度的增加，碳酸铅与 H^+ 反应生成 Pb^{2+} 或与 Cl^- 反应生成可溶性络合物 $[PbCl_4]^{2-}$，故 Pb 是最后浸出的。综合三种浸提剂对重金属浸出能力的差异，发现氯化铵溶液并不适用于伴矿景天焚烧飞灰的重金属解毒，但可采用 1 mol/L 的盐酸作为浸提剂。

7.6.2   不同液固比对焚烧灰中重金属浸出的影响

不同种类的重金属对液固比变化产生的响应不同 (图 7.11)。如伴矿景天焚烧灰浸出液中 Cd 浓度随液固比增加逐渐降低；Zn 则随液固比增加先增加后降低，在液固比为 8 时有最大值 5286 mg/kg；Pb 随液固比增加，浸出液中浓度逐渐升高，并在 L/S=16 之后开始降低。增大液固比可有效提高焚烧灰中重金属的浸出率，在液固比 L/S=16 时，Cd 和 Zn 浸出效率最大值为 95% 和 90%。此时 Pb 的浸出效率为 92%。

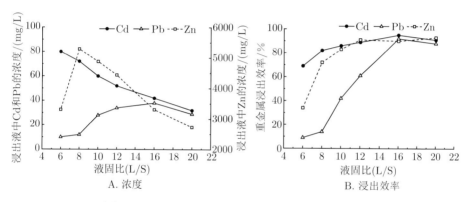

图 7.11   不同液固比对焚烧灰中重金属浸出的影响

7.6.3   不同液固比处理浸出残灰的浸出毒性

为进一步确定最优浸出液固比，以醋酸缓冲液为浸提剂，采用《生活垃圾填埋场污染控制标准》(GB 16889—2008) 评价伴矿景天焚烧浸出残灰的重金属浸出毒性。可以发现，未浸出处理的原灰中重金属均严重超标，Cd、Zn 和 Pb 分别超出填埋标准限值 172 倍、12.5 倍和 5.4 倍，Cd 污染尤为严重。因此，伴矿景天焚烧灰存在严重的重金属浸出风险，不宜直接填埋处置。

由表 7.10 可知，经盐酸浸出后残灰的重金属浸出毒性明显降低。其中液固比 L/S=8 时，残灰中 Cd、Zn 和 Pb 的醋酸浸出浓度显著降低，降低为原灰的 4.2%、11.1% 和 39.0%，但仍高于标准限值，仍属于固体危险废物。经 L/S=16 浸出后的残灰中 Cd 浸出浓度为 0.06 mg/L，低于《生活垃圾填埋场污染控制标准》(GB 16889—2008) 的要求 (0.15 mg/L)。同样地，Zn 和 Pb 的残灰浸出浓度也低于标准限值。

表 7.10　不同液固比处理浸出残灰的醋酸浸出浓度　（单位：mg/L）

重金属	Cd	Zn	Pb
填埋场入场限值	0.15	100	0.25
原灰浸出前	26	1353	1.59
8∶1 浸出残灰	1.1	150	0.62
12∶1 浸出残灰	0.19	19.73	0.72
16∶1 浸出残灰	0.06	2.9	0.20

因此，经 1 mol/L 盐酸、L/S=16 浸出可实现伴矿景天焚烧灰无害化处理，浸出液可通过化学沉淀或电解方式进行有价金属的回收，残灰满足填埋场入场要求，可直接进行填埋。

参 考 文 献

曹艳艳, 胡鹏杰, 程晨, 等. 2018. 稻季磷锌处理对水稻和伴矿景天吸收镉的影响 [J]. 生态与农村环境学报, 34(3): 247~252.

陈思宇, 周嘉文, 刘鸿雁, 等. 2020. 改良剂对酸性土壤上伴矿景天铝毒缓解作用及镉锌吸收性的影响 [J]. 生物工程学报, 36(3): 529~540.

崔立强, 吴龙华, 李娜, 等. 2009. 水分特征对伴矿景天生长和重金属吸收性的影响 [J]. 土壤, 41(4): 572~576.

李娜, 唐明灯, 崔立强, 等. 2010. 光照强度对伴矿景天生长和锌镉吸收性的影响 [J]. 土壤学报, 47(2): 370~373.

李娜, 吴龙华, 骆永明, 等. 2009. 收获方式对污染土壤上伴矿景天锌镉吸收性的影响 [J]. 土壤学报, 46(4): 725~728.

李思亮, 李娜, 徐礼生, 等. 2010. 不同生境下锌镉在伴矿景天不同叶龄叶中的富集与分布特征 [J]. 土壤, 42(3): 446~452.

李振炫, 杨钰莹, 董蓓, 等. 2020. 伴矿景天植物汁液还田对土壤重金属形态及植物吸收的影响 [J]. 环境工程技术学报, 10(3): 449~455.

李柱, 任婧, 杨冰凡, 等. 2012. 铜对伴矿景天生长及锌镉吸收性的影响 [J]. 土壤, 44(4): 626~631.

刘玲, 吴龙华, 李娜, 等. 2009. 种植密度对镉锌污染土壤伴矿景天植物修复效率的影响 [J]. 环境科学, 30(11): 3422~3426.

刘芸君, 钟道旭, 李柱, 等. 2013. 锌镉交互作用对伴矿景天锌镉吸收性的影响 [J]. 土壤, 45(4): 700~706.

骆永明, 吴龙华, 胡鹏杰, 等. 2015. 镉锌污染土壤的超积累植物修复研究 [M]. 北京: 科学出版社.

沈丽波, 吴龙华, 韩晓日, 等. 2011. 养分调控对超积累植物伴矿景天生长及锌镉吸收性的影响 [J]. 土壤, 43(2): 221~225.

沈丽波, 吴龙华, 谭维娜, 等. 2010. 伴矿景天–水稻轮作及磷修复剂对水稻锌镉吸收的影响 [J]. 应用生态学报, 21(11): 2952~2958.

汪洁, 沈丽波, 李柱, 等. 2014. 氮肥形态对伴矿景天生长和锌镉吸收性的影响研究 [J]. 农业环境科学学报, 33(11): 2118~2124.

王朝阳, 马婷婷, 周通, 等. 2017. 不同浓度及不同来源纳米银对伴矿景天生长及重金属吸收的影响研究 [J]. 农业环境科学学报, 36(2): 250~256.

王丽丽, 周通, 李柱, 等. 2017. 土壤紧实度对伴矿景天生长及镉锌吸收性的影响研究 [J]. 土壤, 49(5): 951~957.

王鹏程, 胡鹏杰, 钟道旭, 等. 2017. 镉锌超积累植物伴矿景天产后鲜样快速处置技术 [J]. 环境工程学报, 11(9): 5307~5312.

吴广美, 王青玲, 胡鹏杰, 等. 2020. 镉污染中性土壤伴矿景天修复的硫强化及其微生物效应 [J]. 土壤, 52(5): 920~926.

赵冰, 沈丽波, 程苗苗, 等. 2011. 麦季间作伴矿景天对不同土壤小麦–水稻生长及锌镉吸收性的影响 [J]. 应用生态学报, 22(10): 2725~2731.

Cao D, Zhang H Z, Wang Y D, et al. 2014. Accumulation and distribution characteristics of zinc and cadmium in the hyperaccumulator plant *Sedum plumbizincicola* [J]. Bulletin of Environmental Contamination and Toxicology, 93: 171~176.

Hu P J, Wang Y D, Przybytowicz W J, et al. 2015. Elemental distribution by cryo-micro-PIXE in the zinc and cadmium hyperaccumulator *Sedum plumbizincicola* grown naturally [J]. Plant and Soil, 388: 267~282.

Hu P J, Zhang Y, Dong B, et al. 2019. Assessment of phytoextraction using *Sedum plumbizincicola* and rice production in Cd-polluted acid paddy soils of south China: A field study [J]. Agriculture, Ecosystems and Environment, 286: 106651.

Wu G M, Hu P J, Zhou J W, et al. 2019. Sulfur application combined with water management enhances phytoextraction rate and decreases rice cadmium uptake in a *Sedum plumbizincicola - Oryza sativa* rotation [J]. Plant and Soil, 440: 539~549.

Wu L H, Li Z, Akahane I, et al. 2012. Effects of organic amendments on Cd, Zn and Cu bioavailability in soil with repeated phytoremediation by *Sedum plumbizincicola* [J]. International Journal of Phytoremediation, 14(10): 1024~1038.

Wu L H, Zhou J W, Zhou T, et al. 2018. Estimating cadmium availability to the hyperaccumulator *Sedum plumbizincicola* in a wide range of soil types using a piecewise function [J]. Science of the Total Environment, 637~638: 1342~1350.

Zhou J W, Li Z, Zhou T, et al. 2020. Aluminum toxicity decreases the phytoextraction capability by cadmium/zinc hyperaccumulator *Sedum plumbizincicola* in acid soils [J]. Science of The Total Environment, 711: 134591.

Zhou J W, Wu L H, Zhou T, et al. 2019. Comparing chemical extraction and a piecewise function with diffusive gradients in thin films for accurate estimation of soil zinc bioavailability to *Sedun plumbizincicola* [J]. European Journal of Soil Science, 70: 1141~1152.

Zhou J W, Zhou T, Li Z, et al. 2018a. Differences in phytoextraction by the cadmium and zinc hyperaccumulator *Sedum plumbizincicola* in greenhouse, polytunnel and field conditions [J]. International Journal of Phytoremediation, 20: 1400~1407.

Zhou T, Wu L H, Christie P, et al. 2018b. The efficiency of Cd phytoextraction by *S. plumbizincicola* increased with the addition of rice straw to polluted soils: The role of particulate organic matter [J]. Plant and Soil, 429(1-2): 321~333.

Zhou T, Zhu D, Wu L H, et al. 2018c. Repeated phytoextraction of metal contaminated calcareous soil by hyperaccumulator *Sedum plumbizincicola* [J]. International Journal of Phytoremediation, 20: 1243~1249.